ISBN-13: 978-1515297024

ISBN-10: 1515297020

MANUAL de

ELECTRICIDAD BÁSICA

Miguel D'Addario

Primera edición

CE

2015

Índice

Electrotecnia: Los fenómenos eléctricos, magnéticos y electromagnéticos y sus aplicaciones. Leyes de Ohm y de Joule generalizadas para corriente alterna. Circuitos eléctricos de corriente alterna formados por impedancias conectadas en serie paralelo. Corrientes alternas trifásicas: Características. Conexiones en estrella y en triángulo.

Electrotecnia: Los fenómenos eléctricos

Electricidad es el fenómeno que produce el movimiento de cargas eléctricas a través un conductor. Se puede concebir como el nivel de capacidad que tiene un cuerpo en un determinado instante para realizar un trabajo. Una ley fundamental enuncia que "la energía no se crea ni se destruye, únicamente se transforma".

Esto significa que, la suma de todas las energías sobre una determinada frontera siempre permanece constante. La energía es el alimento de toda actividad humana: mueve nuestros cuerpos e ilumina nuestras casas, desplaza nuestros vehículos, nos proporciona fuerza motriz y calor, etc. La energía eléctrica se ha convertido en parte de nuestra vida diaria. Sin ella, difícilmente podríamos imaginarnos los niveles de progreso que el mundo ha alcanzado, pero ¿Qué es la electricidad, cómo se produce y cómo llega a nuestros hogares?

Ya vimos que la energía puede ser conducida de un lugar o de un objeto a otro (conducción). Eso mismo ocurre con la electricidad. Es válido hablar de la "corriente eléctrica", pues a través de un elemento conductor, **la energía fluye y llega a nuestras lámparas, televisores, refrigeradores y demás equipos domésticos** que la consumen. También conviene tener presente que la energía eléctrica que utilizamos está sujeta a distintos procesos de **generación, transformación, transmisión y distribución**, ya que no es lo mismo generar electricidad mediante combustibles fósiles que con energía solar o nuclear. Tampoco es lo mismo transmitir la electricidad generada por pequeños sistemas eólicos y/o fotovoltaicos que la producida en las grandes hidroeléctricas, que debe ser llevada a cientos de kilómetros de distancia y a muy altos voltajes. Toda la materia está compuesta por átomos y éstos por partículas más pequeñas, una de las cuales es el **electrón**. Un modelo muy utilizado para ilustrar la conformación del átomo (ver figura) lo representa con los electrones girando en torno al núcleo del átomo, como lo hace la Luna alrededor de la Tierra.

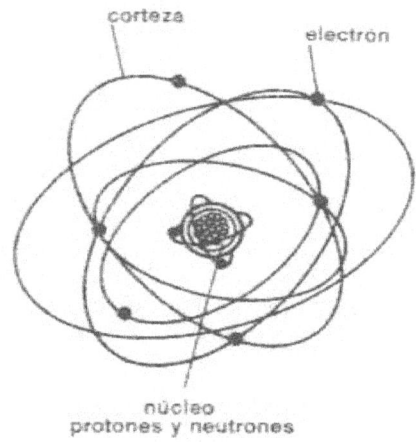

El núcleo del átomo está integrado por **neutrones y protones**. Los electrones tienen una carga negativa, los protones una carga positiva y los neutrones, como su nombre lo indica, son neutros: carecen de carga positiva o negativa. (Por cierto, el átomo, según los antiguos filósofos griegos, era la parte más pequeña en que se podía dividir o fraccionar la materia; ahora sabemos que existen partículas subatómicas y la ciencia ha descubierto que también hay partículas de "antimateria": positrón, antiprotón, etc., que al unirse a las primeras se aniquilan recíprocamente).

La electricidad se manifiesta de tres formas fundamentalmente:

A) Electrostática: cuando un cuerpo posee carga positiva o negativa, **pero no se traslada a ningún sitio**. Por ejemplo frotar un bolígrafo de plástico con una tela para atraer trozos de papel.

B) Corriente continua (CC): Cuando los electrones **se mueven siempre en el mismo sentido**, del polo negativo al positivo. Las pilas, las baterías de teléfonos móviles y de los coches producen CC, y también la utilizan pero transformada de CA a CC, los televisores, ordenadores, aparatos electrónicos, etc.

C) Corriente alterna (CA): No es una corriente verdadera, porque **los electrones** no **circulan** en un sentido único, sino **alterno**, es decir cambiando de sentido unas 50 veces por segundo, por lo que más bien oscilan, y por eso se produce un cambio de polos en el enchufe. Este tipo de corriente es la utilizada en viviendas, industrias, etc., por ser más fácil de transportar.

Fenómenos magnéticos y electromagnéticos

Pues bien, algunos tipos de materiales están compuestos por átomos que pierden fácilmente sus electrones, y éstos pueden pasar de un átomo a otro. En términos sencillos, la electricidad no es otra cosa que electrones en movimiento. Así, cuando éstos se mueven entre los átomos de la materia, se crea una corriente de electricidad. Es lo que sucede en los cables que llevan la electricidad a su hogar: a través de ellos van pasando los electrones, y lo hacen casi a la velocidad de la luz. Este paso de electrones genera un campo llamado magnetismo. Sin embargo, es conveniente saber que la electricidad fluye mejor en algunos materiales que en otros. Antes vimos que esto mismo sucede con el calor, pues en ambos casos hay buenos o malos conductores de la energía. Por ejemplo, la resistencia que un cable ofrece al paso de la corriente eléctrica depende y se mide por su grosor, longitud y el metal de que está hecho. A menor resistencia del cable, mejor será la conducción de la electricidad en el mismo. El oro, la plata, el cobre y el aluminio son excelentes conductores de electricidad. Los dos primeros resultarían demasiado caros para ser utilizados en los millones de kilómetros de líneas eléctricas que existen en el planeta; de ahí que el cobre sea uno de los más utilizados en el planeta. Cuando un objeto cargado se aproxima a otro, se ejercen fuerzas eléctricas sobre ambos objetos. Normalmente, esto implica que las cargas en ambos objetos se redistribuirán, adquiriendo una nueva configuración de equilibrio. La excepción a esto, naturalmente, es que las cargas estén imposibilitadas de redistribuirse, esto último debe hacerse por la acción de fuerzas no eléctricas. Dada una distribución de cargas, en cada punto del espacio existe un campo eléctrico. Definimos las líneas de campo eléctrico como aquellas líneas cuya tangente es paralela al campo eléctrico en cada punto.

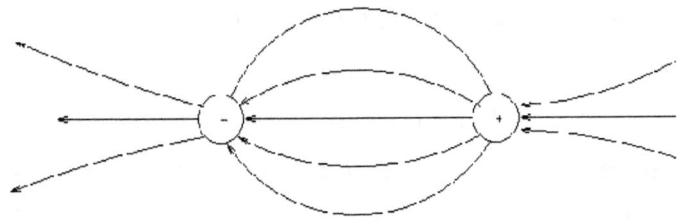

Líneas de campo eléctrico, entre dos cargas de signo opuesto

Campo magnético

Aplicaciones

Dependiendo de la energía que se quiera transformar en electricidad, será necesario aplicar una determinada acción. Se podrá disponer de electricidad por los siguientes procedimientos, convirtiendo la fuerza eléctrica en otro tipo de fuerza:

ENERGÍA	ACCIÓN
Mecánica	Frotamiento
Química	Reacción química
Luminosa	Por luz
Calorífica	Calor
Magnética	Por magnetismo
Mecánica	Por presión
Hidráulica	Por agua
Eólica	Por aire
Solar	Panel solar

Ejemplos de utilización de los tipos de corrientes: Hay elementos como las bombillas de casa, motor eléctrico de la lavadora, etc., que funcionan directamente con la corriente alterna (CA). Las bombillas de casa en realidad no iluminan constantemente sino que se encienden y apagan 50 (60 en EEUU) veces en un segundo debido a la alternancia de la polaridad, solo que nuestros ojos no lo perciben. En cambio las bombillas de una linterna iluminan constantemente al ser alimentada por unas pilas de corriente continua (CC), o como los aparatos electrónicos como la televisión, ordenadores, que aunque se conecten a CA, transforman esa corriente a CC, mediante un transformador o fuente de alimentación para funcionar. Cuando se cargan los teléfonos móviles también se utiliza un transformador (voltaje) + rectificador (polaridad) para pasar la CA a CC.

Los efectos de la corriente eléctrica se pueden clasificar en: - *Luminosos // - Caloríficos // - Magnéticos // - Dinámicos // - Químicos.*

Los **efectos luminosos y caloríficos** suelen aparecer relacionados entre sí. Por ejemplo: una lámpara desprende luz y también calor, y un calefactor eléctrico desprende calor y también luz. Al circular la corriente, los electrones que la componen chocan con los átomos del conductor y pierden energía, que se transforma y se pierde en forma de calor. De estos hechos podemos deducir que, si conseguimos que un conductor eléctrico (cable) se caliente mucho sin que se queme, ese filamento podría llegar a darnos luz; en esto se fundamenta la lámpara.

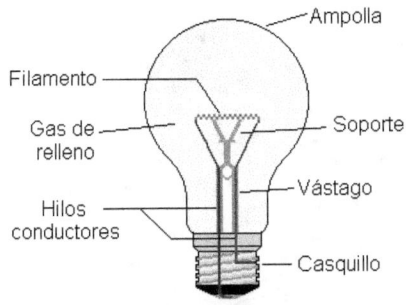

Partes de una bombilla

El efecto magnético, con el cual se logra hacer un imán. Enrollando un conductor a una barra metálica, y haciendo circular una corriente eléctrica, es decir, un electroimán. Otra actividad: acerca la aguja de una brújula, que es un imán a un cable eléctrico. **¿Se desvía? ¿Por qué?** Sí, se desvía. Porque la corriente eléctrica que atraviesa dicho cable genera a su alrededor un campo magnético, que atrae la aguja de la brújula.

Imanes de cerámica (Aluminio, níquel, cobre)

El **efecto dinámico** consiste en la producción de movimiento, como ocurre con un motor eléctrico.

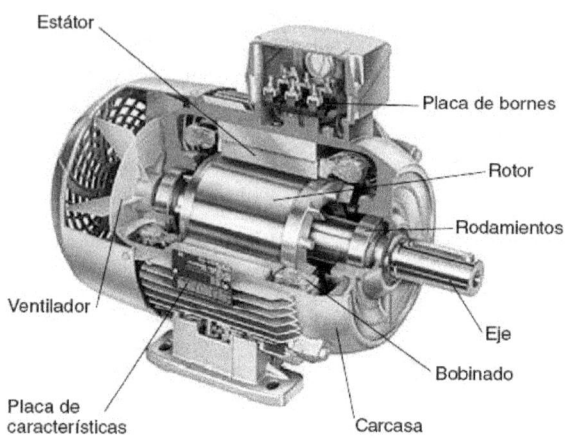

Estátor

Placa de bornes

Rotor

Rodamientos

Ventilador

Eje

Bobinado

Placa de características

Carcasa

Motor eléctrico

El **efecto químico** es el que da lugar a la carga y descarga de las baterías eléctricas. También se emplea en los recubrimientos metálicos, cromados, dorados, etc., mediante la electrolisis. La electricidad es una energía, y lo único que hacemos es transformar una energía mecánica (pedalear en una bici / caída de agua de unas cataratas) mediante un dispositivo (dinamo / turbina-generador) en energía eléctrica, o transformar energía química (compuestos químicos de una pila que reaccionan transfiriendo electrones de un polo a otro) a energía eléctrica. También hay otros sistemas de generación de energía eléctrica como son: energía solar mediante paneles fotovoltaicos, energía eólica mediante aerogeneradores, etc. Lo que se pretende es "expulsar" a los electrones de las órbitas que están alrededor del núcleo de un átomo. Para expulsar esos electrones se requiere cierta energía, y se pueden emplear 6 clases de energía:

a) Frotamiento: Electricidad obtenida frotando dos materiales.

b) Presión: Electricidad obtenida producida aplicando presión a un cristal (Ej.: cuarzo).

c) Calor: Electricidad producida por calentamiento en materiales.

d) Luz: Electricidad producida por la luz que incide en materiales fotosensibles.

e) Magnetismo: Electricidad producida por el movimiento de un imán y un conductor.

f) Química: Electricidad producida por reacción química de ciertos materiales.

En la práctica solamente se utilizan dos de ellas: la química (pila) y el magnetismo (alternador). Las otras formas de producir electricidad se utilizan pero en casos específicos.

Métodos habituales de generar electricidad

Hay tres métodos habituales para generar electricidad:

A) Dinamo y alternador

B) Pilas y baterías

C) Central eléctrica (turbina-generador)

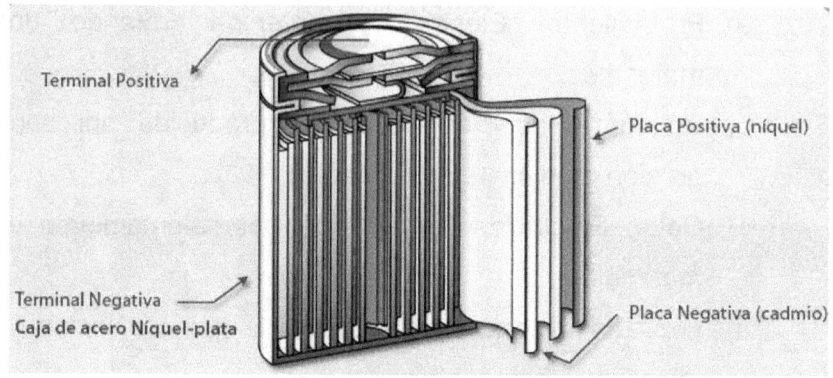

Pila seca Níquel - Cadmio

Leyes de Ohm y de Joule generalizadas para corriente alterna

Ley De Ohm

La electricidad tiene tres componentes fundamentales que la integran:

Voltaje: Es la cantidad de electrones que se desplazan por un conductor.

Intensidad: Es la presión que ejercen los electrones cuando circulan por un conductor.

Resistencia: Es la oposición resistiva de un conductor o componente, que ejerce sobre la circulación de los electrones.

La ley de Ohm llamada así en honor al físico alemán Georg Simon Ohm, que la descubrió en 1827, permite relacionar la intensidad con la fuerza electromotriz y la resistencia. Debido a la existencia de materiales que dificultan más el paso de la corriente eléctrica que otros, cuando el valor de la resistencia varía, el valor de la intensidad de corriente en amperes también varía de forma inversamente proporcional. Es decir, si la resistencia aumenta, la corriente disminuye y, viceversa, si la resistencia disminuye la corriente aumenta, siempre y cuando, en ambos casos, el valor de la tensión o voltaje se mantenga constante. Por otro lado, de acuerdo con la propia Ley, el valor de la tensión es directamente proporcional a la intensidad de la corriente; por tanto, si el voltaje aumenta o disminuye el amperaje de la corriente que circula por el circuito aumentará o disminuirá en la misma proporción, siempre y cuando el valor de la resistencia conectada al circuito se mantenga constante. Donde:

V= Voltaje

Se mide en Voltios; símbolo: (V)

I= Intensidad

Se mide en Amperios, símbolo: (A)

R= Resistencia

Se mide en Ohms, símbolo: (Ω) (omega)

(Despejando obtenemos: **I** = V / R; y también **R** = V / I)

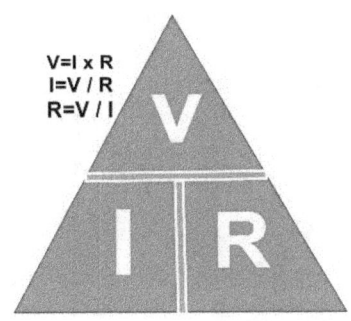

Por ello, el **Voltaje** en voltios de un circuito es el resultado de multiplicar la **intensidad** en amperios por su **resistencia** en Ohmios. (Sabiendo dos magnitudes de un circuito podemos calcular otra tercera).

Ejemplo: Si en un circuito tenemos 220 volts, y una intensidad de 50 amperios, aplicando la ley de ohm:

$$V = I.R$$

220V

50A

R = (¿?)

Aplicando la ley distributiva, nos daría:

$$R = V / I$$
$$R = 220V / 50^a$$
$$\textbf{R = 4,4 ohms}$$

La fórmula podrá aplicarse en todas las circunstancias que queramos averiguar un componente de dicha fórmula.

Ejemplo de circuito eléctrico

Circuito 2

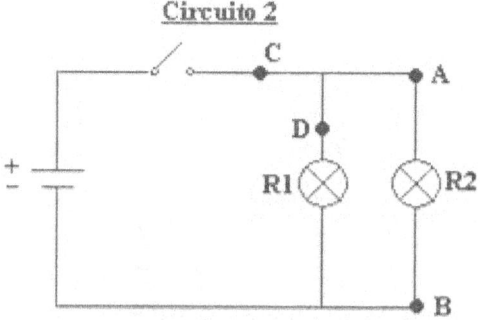

Donde (+) (-), es la fuente de alimentación (Voltaje). R1 y R2 la carga (resistencia), con sus respectivos símbolos. Los puntos A, B, C y D desde donde se podría medir la intensidad de la corriente (Amperaje).

Ley de Joule

Podemos describir el movimiento de los electrones en un conductor como una serie de movimientos acelerados, cada uno de los cuales termina con un choque contra alguna de las partículas fijas del conductor. Los electrones ganan energía cinética durante las trayectorias libres entre choques, y ceden a las partículas fijas, en cada choque, la misma cantidad de energía que habían ganado. La energía adquirida por las partículas fijas (que son fijas solo en el sentido de que su posición media no cambia) aumenta la amplitud de su vibración o sea, se convierte en calor. Para deducir la cantidad de calor desarrollada en un conductor por unidad de *tiempo*, hallaremos primero la expresión general de la *potencia* suministrada a una parte cualquiera de un circuito eléctrico. Cuando una corriente eléctrica atraviesa un conductor, éste experimenta un aumento de temperatura. Este efecto se denomina "efecto Joule". Es posible calcular la cantidad de calor que puede producir una corriente eléctrica en cierto tiempo, por medio de la **ley** de Joule.

La ley de Joule enuncia:

"El calor que desarrolla una corriente eléctrica al pasar por un conductor es directamente proporcional a la *resistencia*,

al cuadrado de la intensidad de la corriente y el tiempo que dura la corriente".

Así pues podemos decir que su fórmula es:

C (calor) = 0,24 x R x I2 x t

C = Calor

0,24 = Constante de formula (1 julio = 0,24 calorías, llamado equivalente calorífico de trabajo)

R = resistencia

I2= Intensidad al cuadrado

t = Trabajo realizado (se mide en Kilovatios-Hora)

Estos valores fueron demostrados por el físico inglés Joule (1845) donde encontró por primera vez la equivalencia entre calor y trabajo. Su experiencia estaba proyectada para comprobar que cuando una cierta energía mecánica se consume en un sistema, la energía desaparecida es exactamente igual a la cantidad de calor producido. En su célebre experiencia, un agitador de paletas se ponía en movimiento en el seno del agua y el calor desarrollado en ésta era comparado con el trabajo mecánico realizado sobre el agitador.

Circuitos eléctricos de corriente alterna formados por impedancias conectadas en serie paralelo

Se introduce en este apartado lo que se entiende por circuito eléctrico y la terminología y conceptos básicos necesarios para su estudio. Un **circuito eléctrico** está compuesto normalmente por un conjunto de **elementos activos** -que generan energía eléctrica (por ejemplo baterías, que convierten la energía de tipo químico en eléctrica)- y de **elementos pasivos** -que consumen dicha energía (por ejemplo resistencias, que convierten la energía eléctrica en calor, por efecto Joule)- conectados entre sí. Básicamente, existe una oposición en todo circuito al paso de una corriente (alterna). Se expresa como la relación entre la fuerza electromotriz alterna y la corriente alterna resultante y se mide en ohmios. Consiste de un elemento de resistencia en el cual la corriente y el voltaje están en fase y un elemento reactivo en el cual la corriente y el voltaje no están en fase. Esto se denomina impedancia. El esquema siguiente presenta un circuito compuesto por una batería (elemento de la izquierda) y varias resistencias.

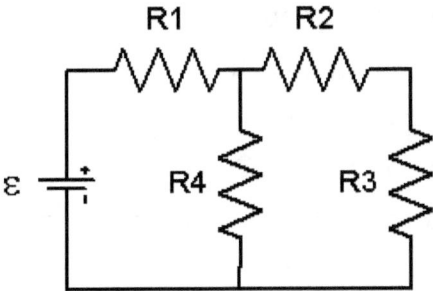

Las magnitudes que se utilizan para describir el comportamiento de un circuito son la **Intensidad de Corriente Eléctrica** y el **Voltaje** o caída de potencial. Estas magnitudes suelen representarse, respectivamente, por *I* y *V* y se miden en **Amperios (A)** y **Voltios (V)** en el Sistema Internacional de Unidades.

La intensidad de corriente eléctrica es la cantidad de carga que, por segundo, pasa a través de un conductor. El voltaje es una medida de la separación o gradiente de cargas que se establece en un elemento del circuito. También se denomina caída de potencial o diferencia de potencial (d.d.p.) y, en general, se puede definir entre dos puntos arbitrarios de un circuito.

El voltaje está relacionado con la cantidad de energía que se convierte de eléctrica en otro tipo (calor en una resistencia) cuando pasa la unidad de carga por el dispositivo que se considere; se denomina **fuerza electromotriz** (f.e.m.) cuando se refiere al efecto contrario, conversión de energía de otro tipo (por ejemplo químico en una batería) en energía eléctrica. La f.e.m. suele designarse por V y, lógicamente, se mide también en Voltios. Los elementos de un circuito se interconectan mediante conductores. Los conductores o cables metálicos se utilizan básicamente para conectar puntos que se desea estén al mismo potencial (es decir, idealmente la caída de potencial a lo largo de un cable o conductor metálico es cero). Previo a analizar un circuito conviene proceder a su simplificación cuando se encuentran asociaciones de elementos en serie o en paralelo.

Existen 2 tipos de asociar los elementos e un circuito, entonces serán 2 tipos básicos de circuitos eléctricos.

A. **Circuitos en Serie**

B. **Circuitos en Paralelo**

Circuitos en serie: Se dice que varios elementos están en serie cuando están todos en la misma rama y, por tanto, atravesados por la misma corriente. Si los elementos en serie son Resistencias, ya se ha visto que pueden sustituirse, independiente de su ubicación y número, por una sola resistencia suma de todas las componentes. En esencia lo que se está diciendo es que la dificultad total al paso de la corriente eléctrica es la suma de las dificultades que individualmente presentan los elementos componentes.

Circuito en serie de resistencias

Para conocer la resistencia resultante de este circuito es necesario aplicar la siguiente fórmula:

$$R_S = R_1 + R_2 + R_3$$

Dándole un valor a cada resistencia, por ejemplo R1= 10 ohms; R2= 8 ohms; R3= 15 ohms, su resultado será, aplicando la fórmula:

$$R_S = R_1 + R_2 + R_3$$

$$10 + 8 + 15 = Rs$$

Total: 33 ohms

Esta regla particularizada para el caso de Resistencias sirve también para asociaciones de f.e.m. (baterías), voltaje.

Circuitos en paralelo: Por otra parte, se dice que varios elementos están en **Paralelo** cuando la caída de potencial entre todos ellos es la misma. Esto ocurre cuando sus terminales están unidos entre sí como se indica en el esquema siguiente.

Circuito en paralelo de resistencias

Ahora la diferencia de potencial entre cualquiera de las resistencias es V, la existente entre los puntos A y B. La corriente por cada una de ellas es V/R_i (i=1, 2,3) y la corriente total que va de A a B (que habría de ser la que atraviesa Rp cuando se le aplica el mismo potencial) será $I_1 + I_2 + I_3$. Para que esto se cumpla el valor de la conductancia 1/Rp ha de ser la suma de las conductancias de las Resistencias componentes de la asociación:

$$1/R_p = 1/R_1 + 1/R_2 + 1/R_3$$

Lo cual significa que, al haber tres caminos alternativos para el paso de la corriente, la facilidad de paso (conductancia) ha aumentado: la facilidad total es la suma de las facilidades.

Las baterías No suelen asociarse en paralelo, debido a su pequeña resistencia interna. Si se asociaran tendrían que tener la misma f.e.m. que sería la que se presentaría al exterior. Pero cualquier diferencia daría lugar a que una de las baterías se descargara en la otra.

C. Circuito Mixto:

Son circuitos compuestos de circuito en serie y circuito en paralelo. Este se denomina Serie-Paralelo. El cálculo se realiza separando cada circuito individualmente y luego se suman los resultados.

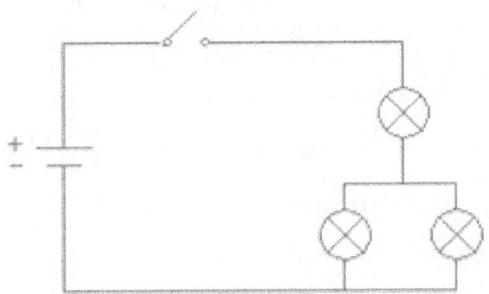

Mixto: (Características: Son las de los circuitos serie y paralelo juntos, según el montaje). Este tipo de montaje se suele dar sobre todo en electrónica ya que combina muchos elementos que dependen unos de otros, sucediendo que: si falla uno que está en serie, fallará todo el circuito.

Corriente alterna trifásica

La generación trifásica de energía eléctrica es la forma más común y que provee un uso más eficiente de los conductores. La utilización de electricidad en forma trifásica es común mayormente para uso en industrias donde muchos motores están diseñados para su uso. Las corrientes trifásicas se generan mediante alternadores dotados de tres bobinas o grupos de bobinas, arrolladas sobre tres sistemas de piezas polares equidistantes entre sí. El retorno de cada uno de estos circuitos o fases se acopla en un punto, denominado neutro, donde la suma de las tres corrientes es cero, con lo cual el transporte puede ser efectuado usando solamente tres cables. El sistema trifásico es una clase dentro de los sistemas polifásicos de generación eléctrica, aunque con mucho el más utilizado. Cuando solo se necesita suministro de una sola fase, como sucede con el suministro doméstico, y la red de distribución es trifásica, esta consta de cuatro conductores, uno por cada fase y otro para el neutro. En este caso lo que se hace es ir repartiendo la conexión de los diferentes hogares entre las tres fases, de forma que las cargas de cada una de ellas queden lo más igualadas (equilibradas) posible cuando se conectan muchos consumidores. La potencia de la corriente alterna (CA) fluctúa. Para uso doméstico, p.ej. en bombillas, esto no supone un problema, dado que el cable de la bombilla permanecerá caliente durante el breve intervalo de tiempo que dure la caída de potencia. De hecho, los tubos de neón (y la pantalla de su ordenador) parpadearán, aunque más rápidamente de lo que el ojo humano es capaz de percibir. Sin embargo, para el funcionamiento de motores, etc., es útil disponer de una corriente con una potencia constante.

Variación de la tensión en la corriente alterna trifásica

De hecho, es posible obtener una potencia constante de un sistema de corriente alterna teniendo tres líneas de alta tensión con corriente alterna funcionando en paralelo, y donde la corriente de fase está desplazada 1/3 de ciclo, es decir, la curva roja de arriba se desplaza un tercio de ciclo tras la curva azul, y la curva amarilla está desplazada dos tercios de ciclo respecto de la curva azul. Un ciclo completo dura 20 milisegundos (ms) en una red de 50 Hz. Entonces, cada una de las tres fases está retrasada respecto de la anterior 20/3 = 6 2/3 ms. En cualquier punto a lo largo del eje horizontal del gráfico de arriba, encontrará que la suma de las tres tensiones es siempre cero, y que la diferencia de tensión entre dos fases cualesquiera fluctúa como una corriente alterna.

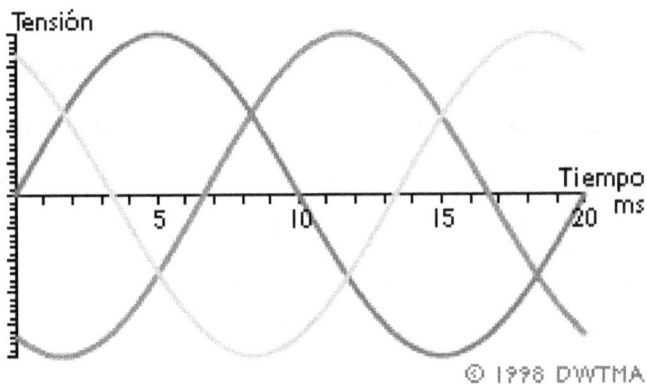

Diagrama de fases de la corriente trifásica

Conexión triángulo

Si llamamos a los conductores trifásicos L1, L2 y L3, entonces se conectará el primer imán a L1 y L2, el segundo a L2 y L3 y el tercero a L3 y L1. Este tipo de conexión se denomina conexión triángulo, ya que los conductores se disponen en forma de triángulo. Habrá una diferencia de tensión entre cada dos fases que en sí misma constituye una corriente alterna. La diferencia de tensión entre cada par de fases será superior a la tensión que definíamos en la página anterior; de hecho será siempre 1,732 veces superior a esa tensión (1,732 es la raíz cuadrada de 3).

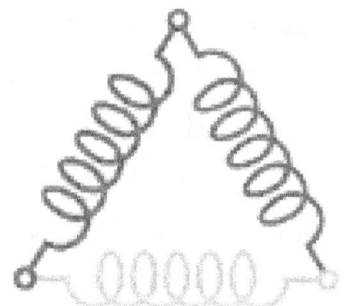

Representación gráfica – Triángulo -

Conexión estrella

Sin embargo, existe otra forma en la que una red trifásica puede ser conectada. También puede conectar uno de los extremos de cada una de las tres bobinas de electroimán a su propia fase, y después conectar el otro extremo a una conexión común para las tres fases. Esto puede parecer imposible, pero considere que la suma de las tres fases es siempre cero y se dará cuenta de que esto es, de hecho, posible.

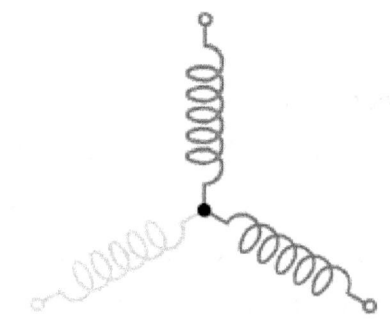

Representación gráfica – Estrella -

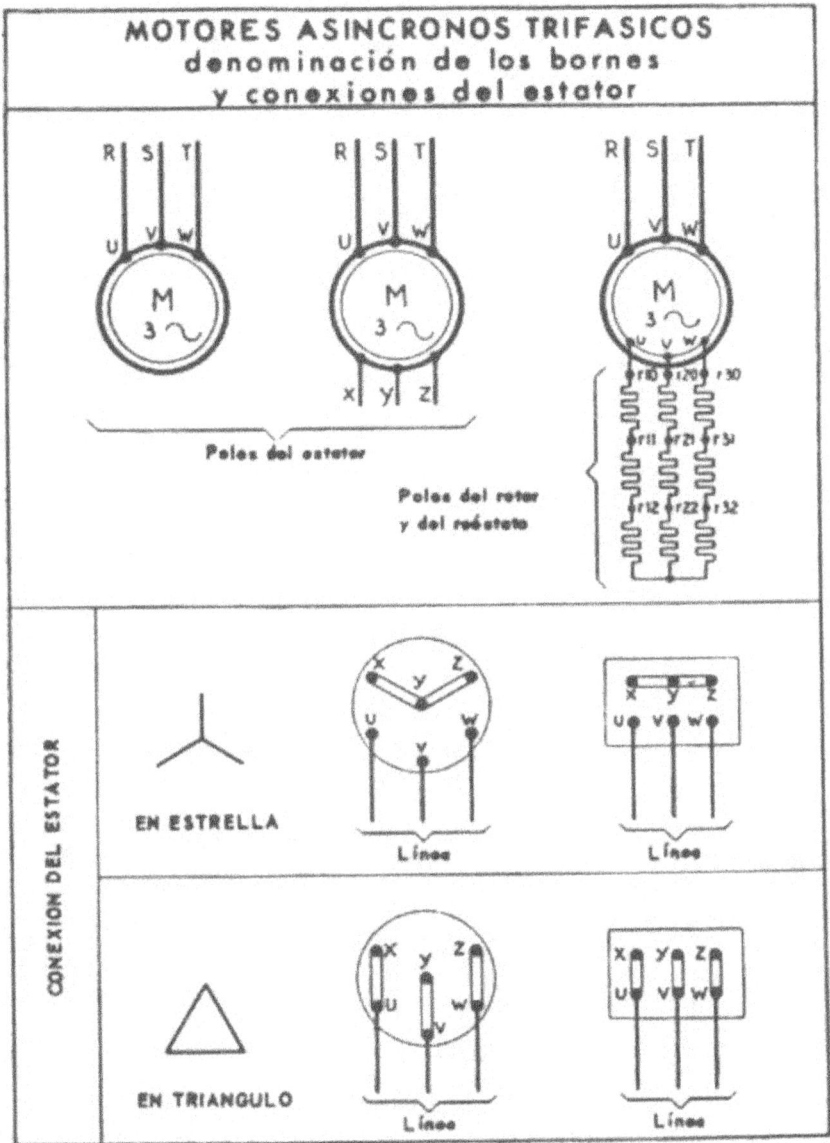

MOTORES ASINCRONOS TRIFASICOS
denominación de los bornes
y conexiones del estator

Polos del estator

Polos del rotor
y del reóstato

CONEXION DEL ESTATOR

EN ESTRELLA

Línea

Línea

EN TRIANGULO

Línea

Línea

AUTOEVALUACIÓN

Electrotecnia: Los fenómenos eléctricos, magnéticos y electromagnéticos y sus aplicaciones. Leyes de Ohm y de Joule generalizadas para corriente alterna. Circuitos eléctricos de corriente alterna formados por impedancias conectadas en serie paralelo. Corrientes alternas trifásicas: Características. Conexiones en estrella y en triángulo.

---

1. Electricidad es un fenómeno que:
   a) Produce el movimiento de cargas eléctricas a través un conductor
   b) La energía de un líquido sobre su recipiente.
   c) La capacidad de presión de un gas.
   d) Todas son correctas.

2. El elemento, de carga negativa, que gira alrededor del núcleo del átomo se denomina:
   a) Protón.
   b) Electrón.
   c) Neutrón.
   d) Todas son incorrectas.

3. Un campo magnético se genera en:
   a) Un tanque de agua.
   b) El paso de electrones por un conductor.
   c) Un circuito de gas.
   d) Una antena de televisión.

4. Ejemplos de utilización de los tipos de corrientes:
   a) Estufa a gas
   b) Bombilla eléctrica
   c) Motor eléctrico
   d) b y c son correctos

5. Los efectos luminosos y caloríficos son:
 a) Frío y oscuridad
 b) Calor y luz
 c) Humedad y brillo
 d) Sequía y opacidad

6. El efecto magnético lo produce:
 a) El motor eléctrico
 b) El imán
 c) La estufa eléctrica
 d) Todas son correctas

7. ¿Cuáles son los tres componentes fundamentales que integran la electricidad?
 a) Presión, caudal, válvulas.
 b) Voltaje, intensidad, resistencia.
 c) Altura, ancho, fondo.
 d) Diodo, resistor, transistor.

8. La oposición resistiva de un conductor, que ejerce sobre la circulación de los electrones, se define como:
 Voltaje.
 a) Intensidad.
 b) Resistencia.
 c) Magnetismo.

9. ¿Cómo se llamó quién descubrió la Ley de Ohm?
 a) Juan José ohm.
 b) Georg Simón Ohm.
 c) Paul Richard Ohm.
 d) Ninguna es correcta.

10. De acuerdo a la Ley de Ohm, el valor de la tensión es directamente proporcional a:
 a) La presión de los fluidos.
 b) La intensidad de los conductores.
 c) La resistencia de la corriente.
 d) La intensidad de la corriente.

11. Según las normas de la electricidad:
a) Voltaje se mide en ohms.
b) Intensidad se mide volts.
c) Resistencia se mide en amperios.
d) Ninguna es correcta.

12. ¿Cuál es la fórmula correcta de la Ley de Ohm?
a) $V = I / R$
b) $V = I \times R$
c) $I = V \times R$
d) $R = V \times I$

13. Si tenemos una resistencia de 10 ohms, un voltaje de 380 volts, cuál será el amperaje según la Ley de Ohm.
a) 3800 amperes.
b) 38 amperes.
c) 24 amperes.
d) 15 amperes.

14. ¿Cuándo se produce el "Efecto Joule"?
a) Cuando una corriente eléctrica atraviesa un conductor, y éste experimenta un aumento de Temperatura.
b) Cuando una corriente eléctrica atraviesa un conductor, y éste experimenta un aumento de presión.
c) Cuando una corriente eléctrica atraviesa un conductor, y éste experimenta un aumento de voltaje.
d) Cuando una corriente eléctrica atraviesa un conductor, y éste experimenta un aumento de resistencia.

15. Señalar cuál de los efectos se debe producir para aplicar la Ley de Joule.
a) Humedad.
b) Frío.
c) Calor.
d) Todos son válidos.

16. En la siguiente fórmula de la Ley de Joule:
C = ? x R x ? x t ¿Qué componentes faltan?
- a) V e I
- b) 0,24 y P
- c) 0,24 e I2
- d) 0,24 y V

17. ¿Cuántos tipo de circuitos eléctricos hay?
- a) Cinco.
- b) Uno.
- c) Tres.
- d) Dos.

18. ¿Cuál es la fórmula de circuitos en paralelo?
- a) R1 + R2 + R3 + R4 = Rt
- b) R1 + 1/R2 + 1/R3 = Rt
- c) R1 x R2 x R3 x R4 = Rt
- d) 1/R1 + 1/R2 + 1/R3 = Rt

19. ¿Cuántas fases existen en un sistema trifásico?
- a) Ninguna.
- b) Cinco.
- c) Cuatro
- d) Tres

20. ¿Qué tipo de conexiones se utilizan en la red trifásica?
- a) Estrella-Cuadrado.
- b) Cuadrado-Triángulo.
- c) Estrella-Redondo.
- d) Triángulo-Estrella.

SOLUCIONARIO

1. a) Produce el movimiento de cargas eléctricas a través un conductor.
2. a) Electrón.
3. b) El paso de electrones por un conductor.
4. d) b y c son correctos
5. b) Calor y luz
6. b) El imán
7. b) Voltaje, intensidad, resistencia.
8. b) Resistencia.
9. b) Georg Simon Ohm.
10. b) La intensidad de la corriente.
11. d) Ninguna es correcta.
12. b) $V = I \times R$
13. b) 38 amperes.
14. a) Cuando una corriente eléctrica atraviesa un conductor, y éste experimenta un aumento de Temperatura.
15. c) Calor.
16. c) 0,24 e I2
17. d) Dos.
18. d) $1/R_1 + 1/R_2 + 1/R_3 = R_t$
19. d) Tres
20. d) Triángulo-Estrella.

Medidas en las instalaciones eléctricas: Medidas eléctricas en las instalaciones baja tensión. Magnitudes eléctricas: Tensión, intensidad, resistencia y continuidad, potencia, resistencia eléctrica de las tomas de tierra. Instrumentos de medidas y características. Procedimientos de conexión. Procesos de medidas.

Medidas en las instalaciones eléctricas
Medidas eléctricas en las instalaciones baja tensión

Para el estudio de la corriente eléctrica partimos de la propia constitución de la materia, donde el átomo principal constituyente de la misma está compuesto de pequeñas partículas elementales que llevan cargas eléctricas. Estas partículas están formadas por:

- **Protones**: Partículas elementales de cargas positivas que se encuentran formando parte del átomo.

- **Neutrones**: Partículas que se encuentran en el núcleo y que carecen de carga eléctrica.

- **Electrones**: Partículas de carga negativa, que se encuentran en el exterior del núcleo, tienen carga negativa.

En cada átomo el número de protones es igual que el de electrones, y la fuerza de atracción y repulsión queda neutralizada y la carga como neutra. Si por algún procedimiento deshacemos el equilibrio entre el protón y el electrón, y este último se desplaza de su órbita, el átomo se carga eléctricamente. Por consiguiente se puede deducir que es el electrón la carga fundamenta de la corriente eléctrica, y al desplazamiento de este de un átomo a otro lo denominamos corriente eléctrica. El campo eléctrico que se forma cuando se reúnen varias cargas elementales tiene la capacidad de atraer o repeler a otras cargas dentro de su campo de acción. Los parámetros que debemos tener en cuenta dentro de una corriente eléctrica son los siguientes:

- **Diferencia de potencial**: Trabajo necesario para atraer o repeler a las cargas que están dentro del campo de acción de un campo eléctrico. Se mide en voltios (V)

- **Intensidad**: La cantidad de cargas eléctrica que pasan por un punto de un circuito eléctrico en una unidad de tiempo. Se mide en amperios (A)

- **Resistencia**: es propia de la materia y no depende solo de la diferencia de potencial que se aplique entre los extremos, sino de una propiedad intrínseca del propio material denominada resistividad. Es la propiedad de los cuerpos a frenar el paso de corriente eléctrica, se mide en ohmios (Ω). La resistencia (objeto) es un elemento auxiliar de los circuitos eléctricos, construida de aleaciones especiales de muy alta resistividad y que, por tanto presentan una fuerte oposición al paso de la corriente. <u>RESISTIVIDAD</u>: constante material que depende en gran medida de la temperatura.

Los electrones libres que posee todo conductor, en presencia de un campo eléctrico, se desplazan hasta conseguir que el campo sea nulo; si por cualquier procedimiento se consigue que el campo eléctrico se mantenga constante (generadores) tendremos un flujo electrónico o corriente permanente, con lo cual los electrones libres del conductor se encontrarán sometidos a una fuerza en virtud de la cual se mueven, y a este movimiento se le denomina corriente eléctrica.

- **Potencia:** El desplazamiento de una carga eléctrica Q entre dos puntos sometidos a una diferencia de potencial U supone la realización de un trabajo eléctrico (Energía)

W= Q*U, como Q = I*t, entonces W = U*I*t. El trabajo desarrollado en la unidad de tiempo es la potencia P, entonces P = W/t = U*I. La energía eléctrica se puede producir, ejemplo un alternador, o bien consumir, ejemplo un motor.

Magnitudes eléctricas: Tensión, intensidad, resistencia y continuidad, potencia, resistencia eléctrica de las tomas de tierra.

Magnitudes eléctricas

(Magnitud es cualquier propiedad de un cuerpo que se pueda medir).

Resistencia eléctrica

(Depende de: las propiedades eléctricas del material, la longitud, y la sección).

Es la dificultad que pone cualquier *conductor* para que pase a través de él, la *corriente eléctrica*. Unos cuerpos le ponen las cosas muy difíciles a la corriente eléctrica y se dice que ofrecen mucha resistencia, otros se lo ponen muy fácil y se dice que ofrecen o tienen poca resistencia. Todos los *conductores eléctricos* ofrecen resistencia, unos más y otros menos: *lámpara, motor*, cable, etc. Se mide en ohms.

Continuidad eléctrica

La continuidad eléctrica de un sistema es la aptitud de éste a conducir la corriente eléctrica. Cada sistema es caracterizado por su resistencia R.

Si R = 0 Ω: el sistema es un conductor perfecto.

Si R es infinito: el sistema es un aislante perfecto.

Cuanto menor es la resistencia de un sistema, mejor es su continuidad eléctrica.

Los *circuitos*, sobre todo si son de aluminio o cobre, no conviene unir los *polos* de un *generador* directamente con un cable, sin *lámparas* ni *motores* u sin otra resistencia entre ellos, ya que como habría muy poca resistencia, aumentaría la *intensidad de corriente*, calentándose el circuito y provocando la fusión del *fusible* o, en un caso peor, el incendio del mismo. Se produciría lo que se llama un *cortocircuito*.

Fórmula que calcula las secciones de cables

$$R = \rho \, L/S$$

R = resistencia;

ρ = resistividad característica del material;

L = longitud;

S = sección)

Voltaje

Fuerza electromotriz medida en *voltios (V)*. Es la *fuerza* que hace que los *generadores eléctricos* puedan producir *corriente eléctrica* en un *circuito eléctrico cerrado*, y mantener una diferencia de potencial entre sus *polos* (*positivo* y *negativo*) cuando el *circuito está abierto*.

Comparado con el circuito hidráulico, sería la diferencia de nivel en altura, contra más altura más fuerza tiene el agua en su caída. En un circuito eléctrico contra más voltaje o diferencia de potencial (atracción de las cargas) más fuerza puede desarrollarse.

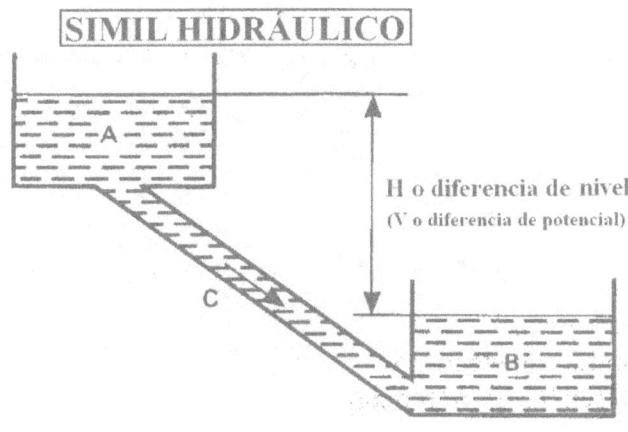

Intensidad eléctrica (I)

Es la cantidad de carga eléctrica que pasa por un punto del *circuito* en un segundo. (Cantidad de *electricidad* que circula por un circuito). Se mide en *Amperes* con el *Amperímetro* y 1 amperio corresponde al paso de unos $6250 \cdot 10^{15}$ electrones, es decir 6.250.000.000.000.000.000 electrones, por segundo por una sección determinada del circuito.

Potencia eléctrica

La potencia eléctrica es el producto de la tensión y la intensidad del circuito. La potencia eléctrica se mide en watts (w).

$$P = V \times I$$

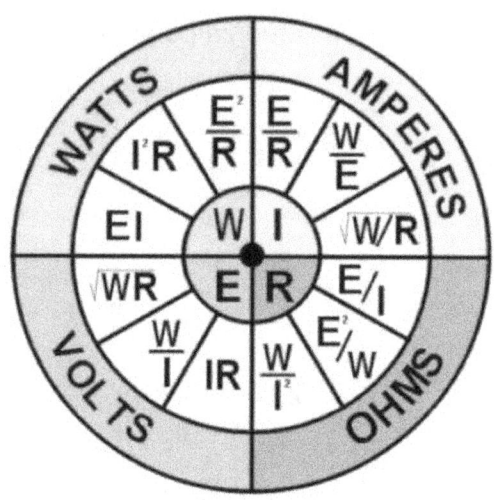

Rueda de fórmulas de Resistencia, Voltaje, Intensidad y Potencia

Resistencia eléctrica en las tomas a tierra

La denominación "puesta a tierra" comprende toda la ligazón metálica directa sin fusible ni protección alguna, de sección suficiente entre determina dos elementos o partes de una instalación y un electrodo o grupo de electrodos, enterrados en el suelo, con objeto de conseguir que en el conjunto de instalaciones, edificios y superficie próxima del terreno no existan diferencias de potencial peligrosas y que, al mismo tiempo permita el paso a tierra de las corrientes de falta o la de descarga de origen atmosférico.

Todo sistema de puesta a tierra constará de las siguientes partes:

- Tomas de tierra.

- Líneas principales de tierra.

- Derivaciones de las líneas principales de tierra.

- Conductores de protección.

El conjunto de conductores, así corno sus derivaciones y empalmes, que forman las diferentes partes de las puestas a tierra, constituyen el circuito de puesta a tierra.

Las tomas de tierra estarán constituidas por los elementos siguientes:

- Electrodo. Es una masa metálica, permanentemente en buen contacto con el terreno, para facilitar el paso a éste de las corrientes de defecto que puedan presentarse o la carga eléctrica que tenga o pueda tener.

- Línea de enlace con tierra. Está formada por los conductores que unen el electrodo o conjunto de electrodos con el punto de puesta a tierra.

- Punto de puesta a tierra. Es un punto situado fuera del suelo que sirve de unión entre la línea de enlace con tierra y la línea principal tierra.

Las líneas principales de tierra estarán formadas por conductores que partirán del punto de puesta a tierra y a las cuales estarán conectadas las derivaciones necesaria para la puesta a tierra de las masas generalmente a través de los conductores de protección. La importancia de la puesta a tierra en instalaciones domiciliarias, radica en la seguridad contra tensiones peligrosas para las personas por contactos indirectos. Las protecciones eléctricas deben, en estos casos de fallas, actuar desconectando la alimentación en tiempos que estén vinculados a los efectos fisiológicos sobre el cuerpo humano. Fijada una determinada tensión de contacto (Vc) se puede establecer el valor de la resistencia de puesta a tierra (Rt) que garantice la suficiente corriente It que produzca el accionamiento de la protección asociada. Las normas establecen que con Vc = 24 V. las protecciones deben operar en tiempos menores a 0,65 seg., de donde surge:

Rt = 10 Ohm para viviendas unitarias.

Rt = 2 Ohm para viviendas colectivas (Edificios o Complejos).

Resistencia de tierra

El electrodo se dimensionará de forma que su resistencia de tierra, en cualquier circunstancia previsible, no sea superior al valor especificado para ella, en cada caso. Este valor de resistencia de tierra será tal que cualquier masa no pueda dar lugar a tensiones de contacto superiores a:

- *24 V en local o emplazamiento conductor*
- *50 V en los demás casos.*

Si las condiciones de la instalación son tales que puedan dar lugar a tensiones de contacto superiores a los valores señalados anteriormente, se asegurará la rápida eliminación de la falta mediante dispositivos de corte adecua dos de la corriente de servicio. NOTA.- La resistencia de tierra de un electrodo depende de sus dimensiones, de su forma y de la resistividad del terreno en el que se establece. Esta resistividad varía frecuentemente de un punto a otro del terreno, y varía también con la profundidad.

La Tabla I da, a título de orientación unos valores de la resistividad para un cierto número de terrenos. Con el fin de obtener una primera aproximación de la resistencia de tierra, los cálculos pueden efectuarse utilizando los valores medios indicados en la Tabla II. Bien entendido que los cálculos efectuados a partir de estos valores no dan más que un valor muy aproximado de la resistencia de tierra del electrodo. La medida de resistencia de tierra de este electrodo puede permitir, aplicando las fórmulas dadas en la Tabla III estimar el valor medio local de la resistividad del terreno; el conocimiento de este valor puede ser útil para trabajos posteriores efectuados, en unas condiciones análogas.

Tabla I

Naturaleza del terreno	Resistividad de Ohm·m
Terrenos pantanosos	de algunas unidades a 30
Limo	20 a 100
Humus	10 a 100
Turba húmeda	5 a 100
Arcilla plástica	50
Margas y arcillas compactas	100 a 200
Margas del jurásico	30 a 40
Arena arcillosa	50 a 500
Arena silícea	200 a 3.000
Suelo pedregoso cubierto de césped	300 a 500
Suelo pedregoso desnudo	1.500 a 3.000
Calizas blandas	100 a 300
Calizas compactas	1.000 a 5.000
Calizas agrietadas	500 a 1.000
Pizarras	50 a 300
Rocas de mica y cuarzo	800
Granitos y gres procedentes de alteración	1.500 a 10.000
Granitos y gres muy alterados	100 a 600

Tabla II

Naturaleza del terreno	Valor medio de la resistividad en Ohm·m
Terrenos cultivables y fértiles, terraplenes compactos y húmedos	50
Terraplenes cultivables poco fértiles, terraplenes	500
Suelos pedregosos desnudos, arenas secas permeables .	3.000

Tabla III

Electrodo	Resistencia de tierra en Ohm
Placa enterrada	$R = 0.8\dfrac{\rho}{P}$
Pica vertical	$R = \dfrac{\rho}{L}$
Conductor enterrado horizontalmente	$R = \dfrac{2\rho}{L}$

ρ resistividad del terreno (Ohm·m)
P perímetro de la placa (m)
L longitud de la pica o del conductor (m)

Naturaleza y secciones mínimas

Los conductores que constituyen las líneas de enlace con tierra, las líneas principales de tierra y sus derivaciones, serán de cobre o de otro metal de alto punto de fusión y su sección debe ser ampliamente dimensionada de tal forma que cumpla las condiciones siguientes:

a) La máxima corriente de falta que pueda producirse en cualquier punto de la instalación, no debe originar en el conductor una temperatura cercana a la de fusión ni poner en peligro los empalmes o conexiones en el tiempo máximo previsible de duración de la falta, el cual sólo podrá ser considerado como menor de dos segundos en los casos justificados por las características de los dispositivos de corte utilizados.

b) De cualquier forma, los conductores no podrán ser, en ningún caso, de menos de 16 mm^{2}de sección para las líneas principales de tierra ni de 35 mm^{2}para las líneas de enlace con tierra, si son de cobre. Para otros metales o combinaciones de ellos, la sección mínima será aquella que tenga la misma conductancia que un cable de cobre de 16 mm^{2}6 35 mm^2, según el caso.

Instrumentos de medidas y características

Instrumentos eléctricos de medición

La importancia de los instrumentos eléctricos de medición es incalculable, ya que mediante el uso de ellos se miden e indican magnitudes eléctricas, como corriente, carga, potencial y energía, o las características eléctricas de los *circuitos*, como la *resistencia*, la capacidad, la capacitancia y la inductancia. Además que permiten localizar las causas de una operación defectuosa en aparatos eléctricos en los cuales, no es posible apreciar su funcionamiento en una forma visual, como en el caso de un aparato mecánico. La *información* que suministran los instrumentos de medición eléctrica se da normalmente en una unidad eléctrica estándar: ohmios, voltios, amperios, culombios, henrios, faradios, vatios o julios. **Unidades eléctricas**, unidades empleadas para medir cuantitativamente toda clase de fenómenos electrostáticos y electromagnéticos, así como las *caracter*ísticas electromagnéticas de los componentes de un circuito eléctrico. Las unidades eléctricas empleadas en técnica y *ciencia* se definen en el *Sistema* Internacional de unidades. Sin embargo, se siguen utilizando algunas unidades más antiguas.

Unidades SI

La unidad de intensidad de corriente en el *Sistema* Internacional de unidades es el amperio. La unidad de carga eléctrica es el culombio, que es la cantidad de *electricidad* que pasa en un segundo por cualquier punto de un circuito por el que fluye una corriente de 1 amperio. El voltio es la unidad SI de diferencia de potencial y se define como la diferencia de potencial que existe entre dos puntos cuando es necesario realizar un trabajo de 1 julio para mover una carga de 1 culombio de un punto a otro. La unidad de *potencia* eléctrica es el vatio, y representa la generación o *consumo* de 1 julio de *energía eléctrica* por segundo. Un kilovatio es igual a 1.000 vatios. Las unidades también tienen las siguientes definiciones prácticas, empleadas para calibrar instrumentos: el amperio es la cantidad de *electricidad* que deposita 0,001118 gramos de plata por segundo en uno de los electrodos si se hace pasar a través de una solución de nitrato de plata; el voltio es la *fuerza* electromotriz necesaria para producir una corriente de 1 amperio a través de una *resistencia* de 1 ohmio, que a su vez se define como la *resistencia* eléctrica de una columna de mercurio de 106,3 cm de altura y 1 mm2 de sección transversal a una *temperatura* de 0 °C. El voltio también se define a partir de una pila voltaica patrón, la denominada pila de Weston, con polos de amalgama de cadmio y sulfato de mercurio (I) y un electrólito de sulfato de cadmio. El voltio se define como 0,98203 veces el potencial de esta pila patrón a 20 ºC. En todas las unidades eléctricas prácticas se emplean los prefijos convencionales del *sistema* métrico para indicar fracciones y múltiplos de las unidades básicas. Por ejemplo, un microamperio es una millonésima de amperio, un milivoltio es una milésima de voltio y 1 megaohmio es un millón de ohmios.

Resistencia, capacidad e inductancia

Todos los componentes de un circuito eléctrico exhiben en mayor o menor medida una cierta *resistencia*, capacidad e inductancia. La unidad de *resistencia* comúnmente usada es el ohmio, que es la resistencia de un conductor en el que una diferencia de potencial de 1 voltio produce una corriente de 1 amperio. La capacidad de un condensador se mide en faradios: un condensador de 1 faradio tiene una diferencia de potencial entre sus placas de 1 voltio cuando éstas presentan una carga de 1 culombio. La unidad de inductancia es el henrio. Una bobina tiene una autoinductancia de 1 henrio cuando un *cambio* de 1 amperio/segundo en la corriente eléctrica que fluye a través de ella provoca una *fuerza* electromotriz opuesta de 1 voltio. Un transformador, o dos *circuitos* cualesquiera magnéticamente acoplados, tienen una inductancia mutua de 1 henrio cuando un *cambio* de 1 amperio por segundo en la corriente del circuito primario induce una tensión de 1 voltio en el circuito secundario. Dado que todas las formas de la *materia* presentan una o más *caracter*ísticas eléctricas es posible tomar mediciones eléctricas de un número ilimitado de *fuentes*.

Mecanismos básicos de los medidores

Por su propia *naturaleza*, *los valores* eléctricos no pueden medirse por *observación* directa. Por ello se utiliza alguna *propiedad* de la *electricidad* para producir una *fuerza física* susceptible de ser detectada y medida. Por ejemplo, en el galvanómetro, el instrumento de medida inventado hace más *tiempo*, la *fuerza* que se produce entre un campo magnético y una bobina inclinada por la que pasa una corriente produce una desviación de la bobina. Dado que la desviación es proporcional a la intensidad de la corriente se utiliza una *escala* calibrada para medir la corriente eléctrica. La acción electromagnética entre corrientes, la *fuerza* entre cargas eléctricas y el calentamiento causado por una resistencia conductora son algunos de los *métodos* utilizados para obtener mediciones eléctricas analógicas.

Calibración de los medidores

Para garantizar la uniformidad y la precisión de las medidas los medidores eléctricos se calibran conforme a los patrones de medida aceptados para una determinada unidad eléctrica, como el ohmio, el amperio, el voltio o el vatio.

Patrones principales y medidas absolutas

Los patrones principales del ohmio y el amperio de basan en definiciones de estas unidades aceptadas en el ámbito internacional y basadas en la masa, el tamaño del conductor y el *tiempo*. Las técnicas de medición que utilizan estas unidades básicas son precisas y reproducibles. Por ejemplo, las medidas absolutas de amperios implican la utilización de una especie de balanza que mide la fuerza que se produce entre un conjunto de bobinas fijas y una bobina móvil. Estas mediciones absolutas de intensidad de corriente y diferencia de potencial tienen su aplicación principal en el *laboratorio*, mientras que en la mayoría de los casos se utilizan medidas relativas. Todos los medidores que se describen en los párrafos siguientes permiten hacer lecturas relativas.

Medidores de corriente
Galvanómetros. Amperímetros. Amperes (A)

Los galvanómetros son los instrumentos principales en la detección y medición de la corriente. Se basan en las interacciones entre una corriente eléctrica y un imán. El mecanismo del galvanómetro está diseñado de forma que un imán permanente o un electroimán produce un campo magnético, lo que genera una fuerza cuando hay un flujo de corriente en una bobina cercana al imán. El elemento móvil puede ser el imán o la bobina. La fuerza inclina el elemento móvil en un grado proporcional a la intensidad de la corriente. Este elemento móvil puede contar con un puntero o algún otro dispositivo que permita leer en un dial el grado de inclinación. El galvanómetro de inclinación de D'Arsonval utiliza un pequeño espejo unido a una bobina móvil y que refleja un haz de *luz* hacia un dial situado a una distancia aproximada de un metro. Este *sistema* tiene menos inercia y fricción que el puntero, lo que permite mayor precisión.

Este instrumento debe su nombre al biólogo y físico francés Jacques D'Arsonval, que también hizo algunos *experimentos* con el equivalente mecánico del *calor* y con la corriente oscilante de alta frecuencia y alto amperaje (corriente D'Arsonval) utilizada en el tratamiento de algunas *enfermedades*, como la artritis. Este tratamiento, llamado diatermia, consiste en calentar una parte del cuerpo haciendo pasar una corriente de alta frecuencia entre dos electrodos colocados sobre la *piel*. Cuando se añade al galvanómetro una *escala* graduada y una calibración adecuada, se obtiene un amperímetro, instrumento que lee la corriente eléctrica en amperios. D'Arsonval es el responsable de la invención del amperímetro de corriente continua. Sólo puede pasar una cantidad pequeña de corriente por el fino hilo de la bobina de un galvanómetro. Si hay que medir corrientes mayores, se acopla una derivación de baja resistencia a los terminales del medidor. La mayoría de la corriente pasa por la resistencia de la derivación, pero la pequeña cantidad que fluye por el medidor sigue siendo proporcional a la corriente total. Al utilizar esta proporcionalidad el galvanómetro se emplea para medir corrientes de varios cientos de amperios. Los galvanómetros tienen denominaciones distintas según la magnitud de la corriente que pueden medir.

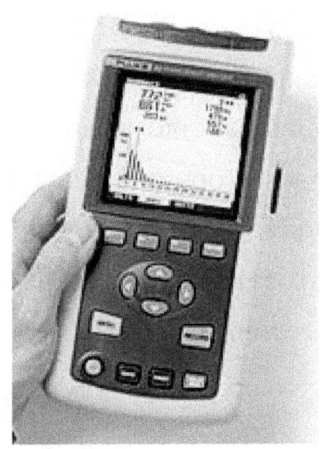

Amperímetro digital

Microamperímetros. Amperes (A)

Un microamperímetro está calibrado en millonésimas de amperio y un miliamperímetro en milésimas de amperio. Los galvanómetros convencionales no pueden utilizarse para medir corrientes alternas, porque las oscilaciones de la corriente producirían una inclinación en las dos direcciones.

Pinza amperométrica

La **pinza amperimétrica** es un tipo especial de *amperímetro* que permite obviar el inconveniente de tener que abrir el circuito en el que se quiere medir la corriente para colocar un amperímetro clásico. El funcionamiento de la pinza se basa en la medida indirecta de la corriente circulante por un conductor a partir del *campo magnético* o de los campos que dicha circulación de corriente que genera. Recibe el nombre de pinza porque consta de un sensor, en forma de pinza, que se abre y abraza el cable cuya corriente queremos medir. Este método evita abrir el circuito para efectuar la medida, así como las caídas de tensión que podría producir un instrumento clásico. Por otra parte, es sumamente seguro para el operario que realiza la medición, por cuanto no es necesario un contacto eléctrico con el circuito bajo medida ya que, en el caso de cables aislados, ni siquiera es necesario levantar el *aislante*.

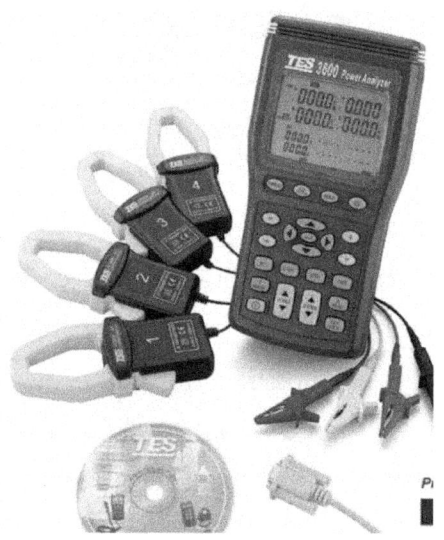

Modelos de pinzas amperométricas digitales

Electrodinamómetros

Sin embargo, una variante del galvanómetro, llamado electrodinamómetro, puede utilizarse para medir corrientes alternas mediante una inclinación electromagnética. Este medidor contiene una bobina fija situada en serie con una bobina móvil, que se utiliza en lugar del imán permanente del galvanómetro. Dado que la corriente de la bobina fija y la móvil se invierte en el mismo momento, la inclinación de la bobina móvil tiene lugar siempre en el mismo sentido, produciéndose una medición constante de la corriente. Los medidores de este tipo sirven también para medir corrientes continuas.

Medidores de aleta de hierro

Otro tipo de medidor electromagnético es el medidor de aleta de *hierro* o de *hierro* dulce. Este dispositivo utiliza dos aletas de *hierro* dulce, una fija y otra móvil, colocadas entre los polos de una bobina cilíndrica y larga por la que pasa la corriente que se quiere medir. La corriente induce una fuerza magnética en las dos aletas, provocando la misma inclinación, con *independencia* de la *dirección* de la corriente. La cantidad de corriente se determina midiendo el grado de inclinación de la aleta móvil.

Medidores de termopar

Para medir corrientes alternas de alta frecuencia se utilizan medidores que dependen del efecto *calor*ífico de la corriente. En los medidores de termopar se hace pasar la corriente por un hilo fino que calienta la unión de termopar. La *electricidad* generada por el termopar se mide con un galvanómetro convencional. En los medidores de hilo incandescente la corriente pasa por un hilo fino que se calienta y se estira. El hilo está unido mecánicamente a un puntero móvil que se desplaza por una *escala* calibrada con *valores* de corriente.

Medición del voltaje. Volts (V)

El instrumento más utilizado para medir la diferencia de potencial (el voltaje) es un voltímetro que cuenta con una gran resistencia unida a la bobina. Cuando se conecta un medidor de este tipo a una batería o a dos puntos de un circuito eléctrico con diferentes potenciales pasa una cantidad reducida de corriente (limitada por la resistencia en serie) a través del medidor. La corriente es proporcional al voltaje, que puede medir si el voltímetro se calibra para ello. Cuando se usa el tipo adecuado de *resistencias* en serie un voltímetro sirve para medir niveles muy distintos de voltajes. El instrumento más preciso para medir el voltaje, la resistencia o la corriente continua es el potenciómetro, que indica una fuerza electromotriz no valorada al compararla con un *valor* conocido. Para medir voltajes de *corriente alterna* se utilizan medidores de alterna con alta resistencia interior, o medidores similares con una fuerte resistencia en serie. Los demás *métodos* de medición del voltaje utilizan tubos de vacío y *circuitos* electrónicos y resultan muy útiles para hacer mediciones a altas frecuencias. Un dispositivo de este tipo es el voltímetro de tubo de vacío. En la forma más simple de este tipo de voltímetro se rectifica una *corriente alterna* en un tubo de diodo y se mide la corriente rectificada con un galvanómetro convencional. Otros voltímetros de este tipo utilizan las *caracter*ísticas amplificadoras de los tubos de vacío para medir voltajes muy bajos. El *osciloscopio* de rayos catódicos se usa también para hacer mediciones de voltaje, ya que la inclinación del haz de electrones es proporcional al voltaje aplicado a las placas o electrodos del tubo.

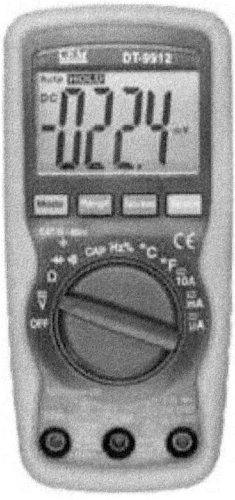

Voltímetro digital

Otros tipos de mediciones

Puente de Wheatstone

Las mediciones más precisas de la resistencia se obtienen con un circuito llamado puente de Wheatstone, en honor del físico británico Charles Wheatstone. Este circuito consiste en tres *resistencias* conocidas y una resistencia desconocida, conectadas entre sí en forma de diamante. Se aplica una corriente continua a través de dos puntos opuestos del diamante y se conecta un galvanómetro a los otros dos puntos. Cuando todas las *resistencias* se nivelan, las corrientes que fluyen por los dos brazos del circuito se igualan, lo que elimina el flujo de corriente por el galvanómetro. Variando el *valor* de una de las *resistencias* conocidas, el puente puede ajustarse a cualquier *valor* de la resistencia desconocida, que se calcula a partir *los valores* de las otras *resistencias*. Se utilizan puentes de este tipo para medir la inductancia y la capacitancia de los componentes de *circuitos*. Para ello se sustituyen las resistencias por inductancias y capacitancias conocidas. Los puentes de este tipo suelen denominarse puentes de *corriente alterna*, porque se utilizan *fuentes* de *corriente alterna* en lugar de corriente continua. A menudo los puentes se nivelan con un timbre en lugar de un galvanómetro, que cuando el puente no está nivelado, emite un *sonido* que corresponde a la frecuencia de la fuente de *corriente alterna*; cuando se ha nivelado no se escucha ningún tono.

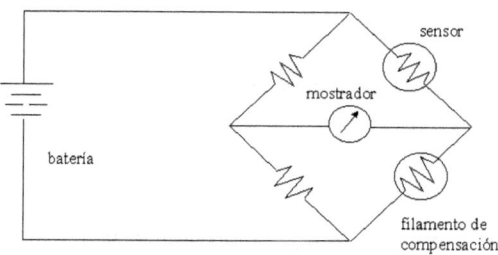

Vatímetros (Watts) Potencia.

La *potencia* consumida por cualquiera de las partes de un circuito se mide con un vatímetro, un instrumento parecido al electrodinamómetro. El vatímetro tiene su bobina fija dispuesta de forma que toda la corriente del circuito la atraviese, mientras que la bobina móvil se conecta en serie con una resistencia grande y sólo deja pasar una parte proporcional del voltaje de la fuente. La inclinación resultante de la bobina móvil depende tanto de la corriente como del voltaje y puede calibrarse directamente en vatios, ya que la **potencia** es el **producto** del voltaje y la corriente.

Watímetro

Contadores de servicio

El medidor de vatios por hora, también llamado contador de **servicio**, es un dispositivo que mide la energía total consumida en un circuito eléctrico doméstico. Es parecido al vatímetro, pero se diferencia de éste en que la bobina móvil se reemplaza por un rotor. El rotor, controlado por un regulador magnético, gira a una **velocidad** proporcional a la cantidad de **potencia** consumida. El eje del rotor está conectado con engranajes a un conjunto de **indicadores** que registran el **consumo** total.

Sensibilidad de los instrumentos

La sensibilidad de un instrumento se determina por la intensidad de corriente necesaria para producir una desviación completa de la aguja indicadora a través de la **escala**. El grado de sensibilidad se expresa de dos maneras, según se trate de un amperímetro o de un voltímetro. En el primer caso, la sensibilidad del instrumento se indica por el número de amperios, miliamperios o microamperios que deben fluir por la bobina para producir una desviación completa. Así, un instrumento que tiene una sensibilidad de 1 miliamperio, requiere un miliamperio para producir dicha desviación, etcétera. En el caso de un voltímetro, la sensibilidad se expresa de acuerdo con el número de ohmios por voltio, es decir, la resistencia del instrumento. Para que un voltímetro sea preciso, debe tomar una corriente insignificante del circuito y esto se obtiene mediante alta resistencia. El número de ohmios por voltio de un voltímetro se obtiene dividiendo la resistencia total del instrumento entre el voltaje máximo que puede medirse. Por ejemplo, un instrumento con una resistencia interna de 300000 ohmios y una *escala* para un máximo de 300 voltios, tendrá una sensibilidad de 1000 ohmios por voltio. Para trabajo general, los voltímetros deben tener cuando menos 1000 ohmios por voltio.

Óhmetro. (Ohms) (Ω) Resistencias

Un **óhmetro** es un instrumento para medir la *resistencia eléctrica*.

El diseño de un óhmetro se compone de una pequeña *batería* para aplicar un *voltaje* a la resistencia bajo medida, para luego mediante un *galvanómetro* medir la *corriente* que circula a través de la resistencia.

Existen también otros tipos de óhmetros más exactos y sofisticados, en los que la batería ha sido sustituida por un circuito que genera una corriente de intensidad constante **I**, la cual se hace circular a través de la resistencia **R** bajo prueba. Luego, mediante otro circuito se mide el voltaje **V** en los extremos de la resistencia. Para medidas de alta precisión la disposición indicada anteriormente no es apropiada, por cuanto que la lectura del medidor es la suma de la resistencia de los cables de medida y la de la resistencia bajo prueba. Para evitar este inconveniente, un óhmetro de precisión tiene cuatro terminales, denominados contactos Kelvín. Dos terminales llevan la corriente constante desde el medidor a la resistencia, mientras que los otros dos permiten la medida del voltaje directamente entre terminales de la misma, con lo que la caída de tensión en los conductores que aplican dicha corriente constante a la resistencia bajo prueba no afecta a la exactitud de la medida.

Resistencias. Mediciones por colores

Las resistencias o resistores son dispositivos que se usan en los *circuitos eléctricos* para limitar el paso de la corriente, las resistencias de uso en *electrónica* son llamadas "resistencias de carbón" y usan un código de *colores* como se ve a continuación para identificar el *valor* en ohmios de la resistencia en cuestión.

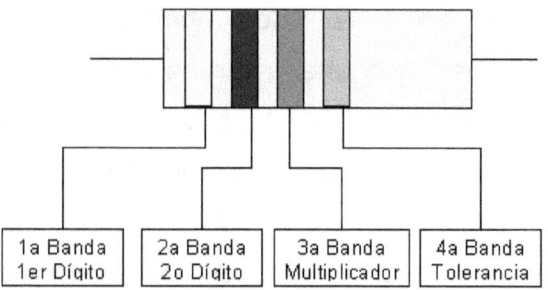

1a Banda 1er Dígito	2a Banda 2o Dígito	3a Banda Multiplicador	4a Banda Tolerancia

El **sistema** para usar este código de **colores** es el siguiente: La primera banda de la resistencia indica el primer dígito significativo, la segunda banda indica el segundo dígito significativo, la tercera banda indica el número de ceros que se deben añadir a los dos dígitos anteriores para saber el **valor** de la resistencia, en la cuarta banda se indica el rango de **tolerancia** entre el cual puede oscilar el valor real de la resistencia.

Ejemplo:

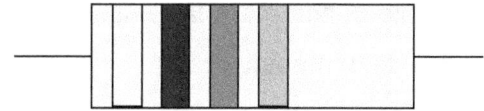

Primer dígito: Amarillo = 4

Segundo dígito: Violeta = 7

Multiplicador: Rojo = 2 ceros

Tolerancia: Dorado = 5 %

Valor de la resistencia: 4700 W con un 5 % de **tolerancia**

Multímetro

Un **multímetro**, a veces también denominado **polímetro** o **tester**, es un instrumento electrónico de medida que combina varias funciones en una sola unidad. Las más comunes son las de **voltímetro**, **amperímetro** y **ohmiómetro**.

Funciones comunes

Existen funciones básicas citadas algunas de las siguientes:

Un comprobador de continuidad, que emite un sonido cuando el circuito bajo prueba no está interrumpido o la **resistencia** no supera un cierto nivel. (También puede mostrar en la pantalla 00.0, dependiendo el tipo y modelo). Presentación de resultados mediante dígitos en una pantalla, en lugar de lectura en una escala. **Amplificador** para aumentar la sensibilidad, para medida de **tensiones** o **corrientes** muy pequeñas o resistencias de muy alto valor. Medida de **inductancias** y **capacitancias**. Comprobador de **diodos** y **transistores**. Escalas y **zócalos** para la medida de **temperatura** mediante **termopares** normalizados.

Multímetros con funciones avanzadas

Más raramente se encuentran también multímetros que pueden realizar funciones más avanzadas como:

- Generar y detectar la **Frecuencia intermedia** de un aparato, así como un circuito **amplificador** con **altavoz** para ayudar en la sintonía de circuitos de estos aparatos. Permiten el seguimiento de la **señal** a través de todas las etapas del receptor bajo prueba.
- Realizar la función de **osciloscopio** por encima del millón de muestras por segundo en velocidad de barrido, y muy alta **resolución**.
- Sincronizarse con otros instrumentos de medida, incluso con otros multímetros, para hacer medidas de **potencia** puntual

(Potencia = Voltaje * Intensidad).

- Utilización como aparato telefónico, para poder conectarse a una línea telefónica bajo prueba, mientras se efectúan medidas por la misma o por otra adyacente.
- Comprobación de circuitos de electrónica del *automóvil*.
- Grabación de ráfagas de alto o bajo voltaje.

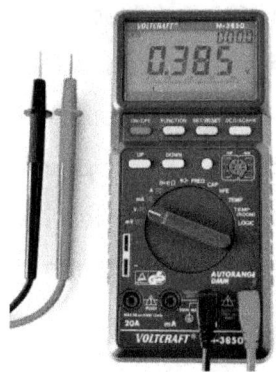 

Polímetro y Pinza amperométrica

Osciloscopio

Un **osciloscopio** es un *instrumento de medición electrónico* para la representación gráfica de *señales* eléctricas que pueden variar en el tiempo. Es muy usado en *electrónica de señal*, frecuentemente junto a un *analizador de espectro*. Presenta los valores de las señales eléctricas en forma de coordenadas en una pantalla, en la que normalmente el eje X (horizontal) representa tiempos y el eje Y (vertical) representa tensiones. La imagen así obtenida se denomina oscilograma. Suelen incluir otra entrada, llamada "**eje Z**" que controla la luminosidad del haz, permitiendo resaltar o apagar algunos segmentos de la traza. Los osciloscopios, clasificados según su funcionamiento interno, pueden ser tanto *analógicos* como *digitales*, siendo en teoría el resultado mostrado idéntico en cualquiera de los dos casos.

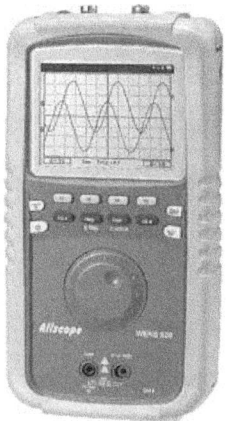

Osciloscopio

Procedimientos de conexión. Procesos de medidas

Circuito cerrado

Todos los circuitos deben ser cerrados para que la que la electricidad circule del polo negativo al positivo, y así haya un consumo en el receptor elegido o receptores elegidos.

Un circuito cerrado muy especial: el cortocircuito

¿Qué es y por qué se produce un cortocircuito?

Cortocircuito:

Se produce **cuando** por alguna razón, el cable *conductor* **une** el **polo positivo** y el **polo negativo** del *generador eléctrico* se ponen en contacto **sin que haya entre ellos un receptor** (*lámpara, motor,* u otra *resistencia eléctrica*). Esto trae como consecuencia que la *intensidad* que circula por el *circuito* se dispara generando calor en dicho circuito y pudiendo llegar a provocar un incendio en el mismo. Para **evitar esto** se instala un *fusible* **o cualquier otro operador** cuya misión sea que, cuando la *intensidad eléctrica* de un *circuito* se dispare de forma no controlada, corte la circulación de *corriente eléctrica* en él para evitar los peligros que este exceso de *intensidad eléctrica* podría generar: incendios, muertes, etc.

Circuito abierto

Cuando un circuito está abierto, no hay consumo de electricidad, y por tanto no funciona los dispositivos receptores, al no llegarle la electricidad. Con el polímetro se mide la continuidad o la resistencia del circuito, que debe de ser infinita (el aire tiene resistencia eléctrica infinita).

Procesos de medidas

El polímetro como su nombre indica (poli = varios / metro = medir), puede realizar mediciones de magnitudes eléctricas y electrónicas. Las mediciones más básicas e fundamentales que se realizan son las que se explican a continuación:

En los circuitos de CC, hay que tener cuidado con las polaridades y las conexiones a realizar. Si al medir alguna magnitud, esta nos sale negativa, es que tenemos la polaridad cambiada en el polímetro o el circuito está mal conectado.

Nota importante: *Siempre se escogerá la escala superior que haya, para realizar la medición, y se irá bajando, hasta poder leer la medición.*

Medición de Resistencia

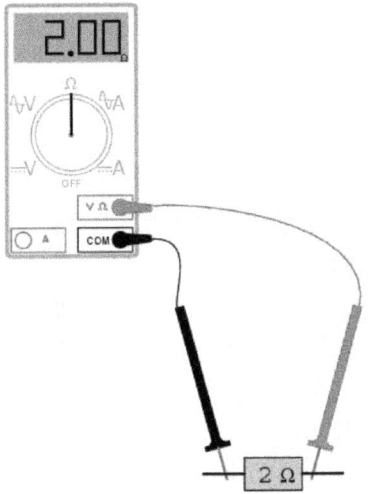

Medición de voltaje, tensión o d.d.p

Nota.- También se puede medir el voltaje en CA, elegir en el multímetro la corriente alterna (~).

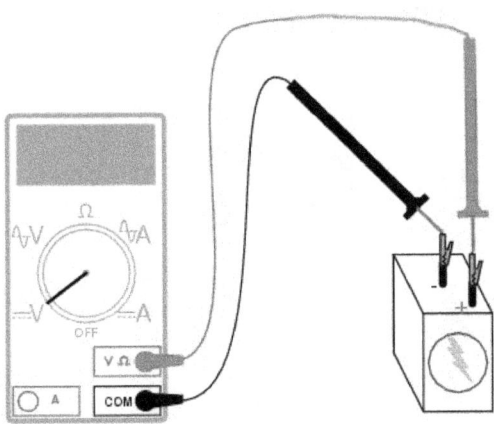

Medición de Intensidad

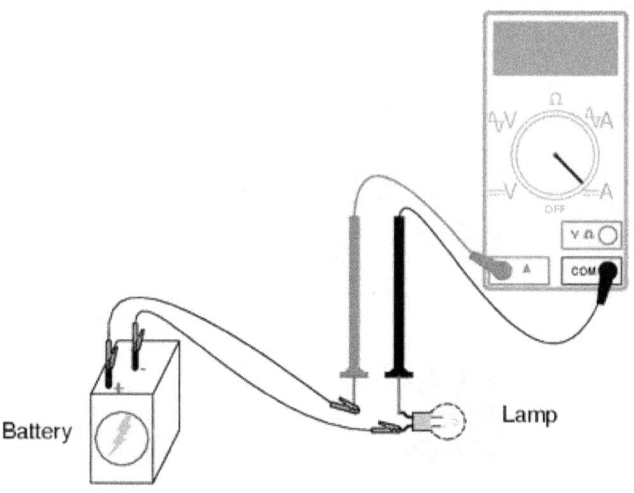

Battery · Lamp

Atención: No se debe medir la intensidad directamente en CA o desde un enchufe, ya que aparte de estropear el polímetro, puede resultar peligroso.

Medición de continuidad

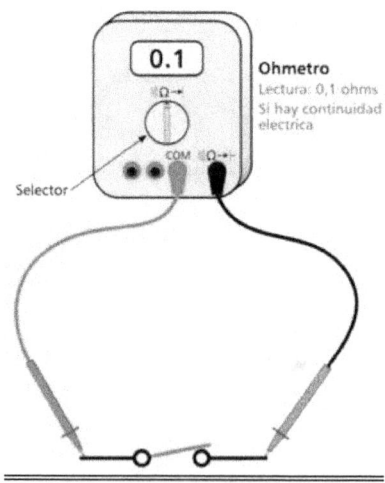

0.1

Ohmetro
Lectura: 0,1 ohms
Sí hay continuidad
electrica

Selector

<u>Nota</u>.- Esta medición es muy útil, cuando se estropean algunos aparatos, ya que la mayoría de las averías eléctricas son circuitos que están abiertos, debido a que una de sus resistencias o conductores se han estropeado, y comprobando por partes donde hay continuidad se puede saber dónde está la avería, y sustituir la parte dañada.

Medición de potencia

Vatímetro midiendo la potencia consumida por una carga monofásica.

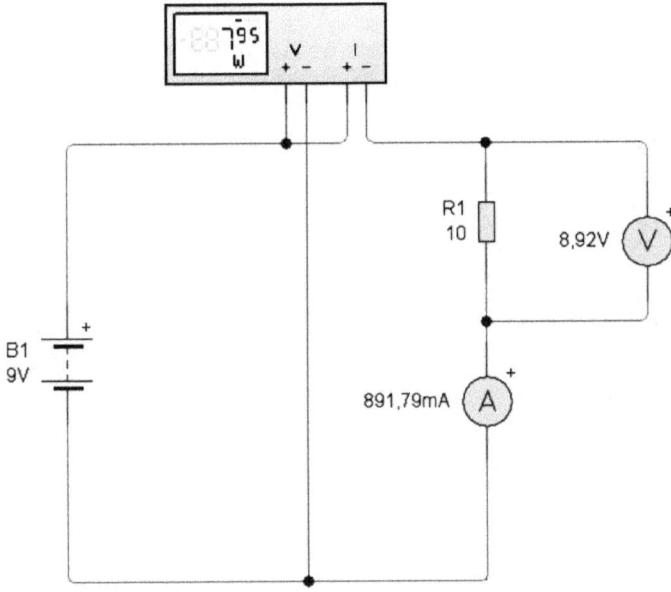

Medidores en un circuito eléctrico

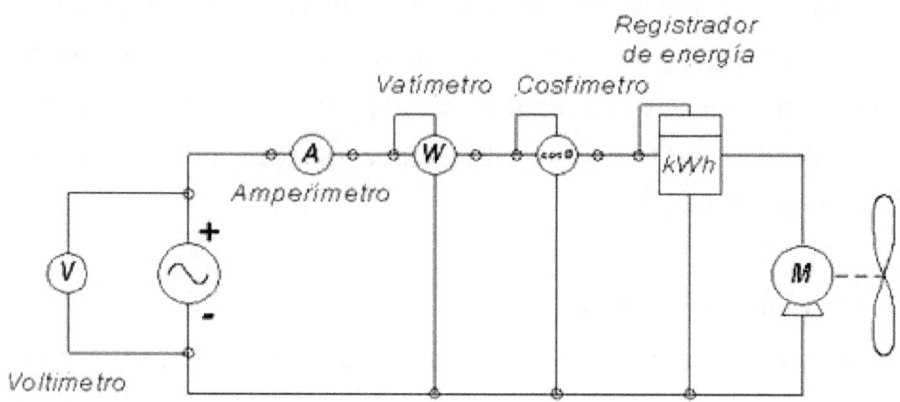

Magnitudes Eléctricas, fórmulas básicas: V, W, I, R

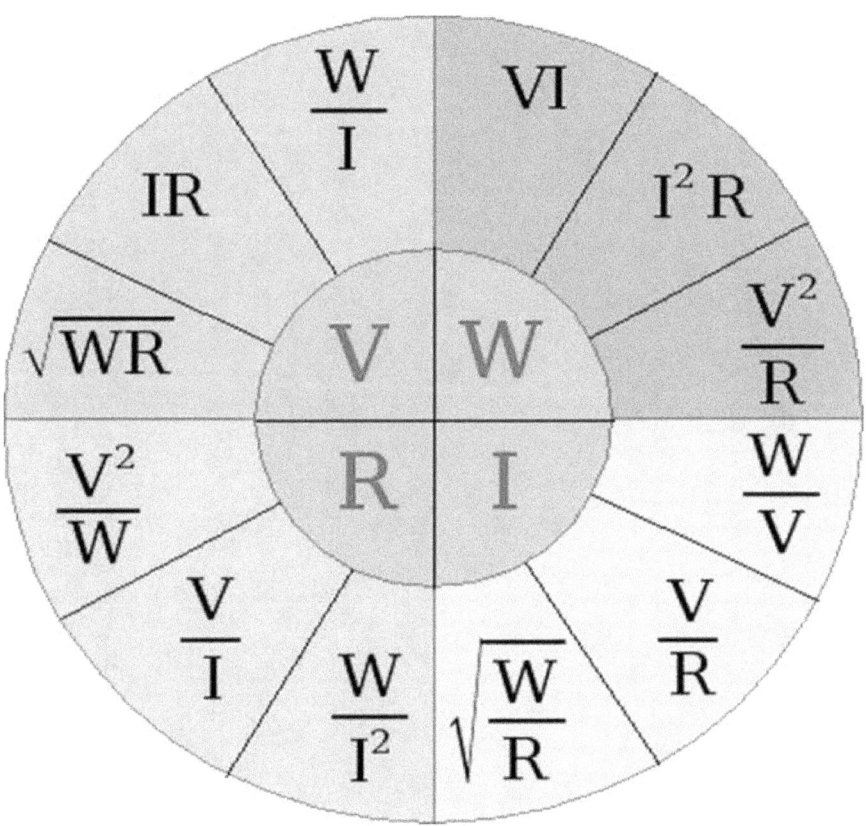

AUTOEVALUACIÓN

Medidas en las instalaciones eléctricas: Medidas eléctricas en las instalaciones baja tensión. Magnitudes eléctricas: Tensión, intensidad, resistencia y continuidad, potencia, resistencia eléctrica de las tomas de tierra. Instrumentos de medidas y características. Procedimientos de conexión. Procesos de medidas.

---

1. ¿Cuáles corresponden a los parámetros básicos de la corriente eléctrica?
   a) Voltaje
   b) Estructura
   c) Intensidad
   d) Fuerza
   e) A y b son correctas

2. El trabajo desarrollado en una unidad de tiempo es:
   a) Fuerza
   b) Empuje
   c) Distancia
   d) Potencia
   e) Ninguna es correcta

3. Qué define el siguiente enunciado: Es cualquier propiedad de un cuerpo que se pueda medir.
   a) Magnificencia
   b) Magnitud
   c) Intensidad
   d) Frecuencia
   e) Amplitud

4. Qué define el siguiente enunciado: Es la dificultad que pone cualquier conductor al paso de los electrones:
   a) Intensidad
   b) Inductancia
   c) Impedancia
   d) Capacitancia
   e) Resistencia

5. Completar el enunciado. Cuanto menor es la resistencia de un circuito eléctrico, mayor es su:
   a) Capacidad
   b) Fuerza
   c) Voltaje
   d) Radiación
   e) Continuidad

6. Qué define el siguiente enunciado: Fuerza electromotriz medida en voltios:
   a) Potencia
   b) Intensidad
   c) Resistencia
   d) Continuidad
   e) Voltaje

7. El circuito eléctrico es comparable a un circuito:
   a) Neumático
   b) Mecánico
   c) Hidráulico
   d) Nuclear
   e) Ninguna es correcta

8. ¿En que se mide la intensidad eléctrica?
   a) En vatios
   b) En voltios
   c) En Amperes
   d) En Joules
   e) En Ohms

9. Qué define el siguiente enunciado: Es la cantidad de carga eléctrica que pasa por un punto del circuito en un segundo:
   a) Voltaje
   b) Potencia
   c) Watts
   d) Intensidad
   e) Ohms

10. **La potencia se mide en:**
   a) Watts
   b) Amperes
   c) Ohms
   d) Fuerza
   e) Coulombs

11. **La resistencia se mide en:**
   a) Watts
   b) Amperes
   c) Ohms
   d) Fuerza
   e) Joules

12. **Qué define el siguiente enunciado: Es toda ligazón metálica directa sin fusible ni protección alguna, de sección suficiente entre determina dos elementos o partes de una instalación y un electrodo o grupo de electrodos, enterrados en el suelo:**
   a) Puesta en marcha
   b) Puesta a punto
   c) Puesta a tierra
   d) Puesta en función
   e) Puesta en marcha

13. **Señalar cual corresponde al siguiente enunciado: Todo sistema de puesta a tierra constará de las siguientes partes:**
   a) Conductores de protección
   b) Tomacorrientes
   c) Interruptores
   d) Ninguna es correcta
   e) Todas son correctas

14. **Señalar cual corresponde al siguiente enunciado: Las tomas de tierra estarán constituidas por los elementos siguientes:**
   a) Interruptores
   b) Electrodos
   c) Cátodos
   d) Ánodos
   e) Ninguna es correcta

15. ¿Cuál es el valor de la resistencia de puesta a tierra (Rt) para viviendas unitarias?

    a) 50 ohms
    b) 20 ohms
    c) 10 ohms
    d) 5 ohms
    e) 2 ohms

16. ¿Cuál es el valor de la resistencia de puesta a tierra (Rt) para viviendas colectivas?

    a) 10 ohms
    b) 5 ohms
    c) 1 ohms
    d) 20 ohms
    e) Ninguna es correcta

17. El conductor principal de puesta tierra no será de sección menor a:

    a) 20 mm2
    b) 15 mm2
    c) 16 mm2
    d) 25 mm2
    e) 9 mm2

18. ¿Qué unidad de medida no miden los instrumentos de medición eléctrica?

    a) Volts
    b) Amperios
    c) Watts
    d) Kilogramos
    e) Ohms

19. ¿Qué se puede medir con un galvanómetro?

    a) Litros
    b) Kilogramos
    c) Toneladas
    d) Watts
    e) Amperes

20. **¿Qué se puede medir con una pinza amperométrica?**
    a) Resistencia
    b) Voltaje
    c) Intensidad
    d) Potencia
    e) Ninguna es correcta

21. **¿Qué se puede medir con un multímetro?**
    a) Amperes
    b) Voltios
    c) Ohms
    d) Todas son correctas
    e) Ninguna es correcta

22. **¿Cómo se mide el voltaje?**
    a) Se mide en paralelo y el circuito debe estar conectado
    b) Se mide en serie y el circuito debe estar conectado
    c) Se mide en paralelo y el circuito debe estar desconectado
    d) Se mide en serie y el circuito debe estar desconectado
    e) Ninguna es correcta

23. **¿Cómo se mide la continuidad?**
    a) En serie
    b) En paralelo
    c) Mixto
    d) No se mide
    e) Ninguna es correcta

24. **¿Si al medir continuidad el circuito está abierto o cortado, que lectura nos dará el display?**
    a) Más Menos
    b) 0
    c) 10000000
    d) Infinito
    e) 1

25. ¿Cómo se conecta un amperímetro?
   a) En paralelo
   b) Mixto
   c) En serie
   d) Los amperes no se miden
   e) Ninguna es correcta

SOLUCIONARIO

1. e) a y b son correctas
2. d) Potencia
3. b) Magnitud
4. e) Resistencia
5. c) Voltaje
6. e) Voltaje
7. d) Hidráulico
8. c) En Amperes
9. d) Intensidad
10. a) Watts
11. c) Ohms
12. c) Puesta a tierra
13. a) Conductores de protección
14. b) Electrodos
15. c) 10 ohms
16. e) Ninguna es correcta
17. c) 16 mm2
18. d) Kilogramos
19. e) Amperes
20. c) Intensidad
21. d) Todas son correctas
22. a) Se mide en paralelo y el circuito debe estar conectado
23. b) En paralelo
24. d) Infinito
25. c) En serie

Representación gráfica y simbología en las instalaciones eléctricas: Normas de representación. Simbología normalizada en las instalaciones eléctricas. Planos y esquemas eléctricos normalizados. Topología. Interpretación de esquemas eléctricos en las de interior.

Representación gráfica y simbología en las instalaciones eléctricas. Normas de representación

Actualmente existen varias normas vigentes en las que se especifica la forma de preparar la documentación electrotécnica. Estas normas fomentan los símbolos gráficos y las reglas numéricas o alfanuméricas que deben utilizarse para identificar los aparatos, diseñar los esquemas y montar los cuadros o equipos eléctricos. El uso de las normas internacionales elimina todo riesgo de confusión y facilita el estudio, la puesta en servicio y el mantenimiento de las instalaciones. Toda la información expuesta en esta sección se basa en extractos de dichas normas, expuestas a continuación.

A. La norma internacional IEC 61082: preparación de la documentación usada en electrotecnia

IEC 61082-1 (diciembre de 1991): Parte 1: requerimientos generales (editada solo en Inglés)

IEC 61082-2 (diciembre de 1993): Parte 2: orientación de las funciones en los esquemas. (Editada solo en Inglés).

IEC 61082-3 (diciembre de 1993): Parte 3: Esquemas, tablas y listas de conexiones. (Editada en Inglés y Español).

IEC 61082-4 (marzo de 1996): Parte 4: Documentos de localización e instalación. (Editada en Inglés y Español).

La norma europea EN 60617 aprobada por la CENELEC (Comité Europeo de Normalización Electrotécnica) y la norma Española armonizada con la anterior (UNE EN 60617), así

como la norma internacional de base para las dos anteriores (IEC 60617) o (CEI 617:1996), definen los **SÍMBOLOS GRÁFICOS PARA ESQUEMAS:** (todas ellas editadas en inglés y español).

EN 60617-2 (Junio de 1996): Parte 2: Elementos de símbolos, símbolos distintivos y otros símbolos de aplicación general.

EN 60617-3 (Junio de 1996): Parte 3: Conductores y dispositivos de conexión.

EN 60617-4 (Julio de 1996): Parte 4: Componentes pasivos básicos.

EN 60617-5 (Junio de 1996): Parte 5: Semiconductores y tubos de electrones

EN 60617-6 (Junio de 1996): Parte 6: Producción, transformación y conversión de la energía eléctrica.

EN 60617-7 (Junio de 1996): Parte 7: Aparatos y dispositivos de control y protección.

EN 60617-8 (Junio de 1996): Parte 8: Aparatos de medida, lámparas y dispositivos de señalización.

EN 60617-9 (Junio de 1996): Parte 9: Telecomunicaciones: Equipos de conmutación y periféricos.

EN 60617-10 (Junio de 1996): Parte 10: Telecomunicaciones: Transmisión.

EN 60617-11 (Junio de 1996): Parte 11: Esquemas y planos de instalaciones arquitectónicas y topográficas.

EN 60617-12 (Diciembre de 1997): Parte 12: Elementos lógicos binarios.

EN 60617-13 (Febrero de 1998): Parte 13: Operadores analógicos.

La norma internacional IEC 60445 (octubre de 1999) Versión Oficial en Español - Principios fundamentales y de seguridad para la interfaz hombre- máquina, el marcado y la identificación. Identificación de los bornes de equipos y de los terminales de ciertos conductores designados, y reglas generales para un sistema alfanumérico.

B. Comités de normalización implicados en estas normas

CEI o IEC (International Electrotechnical Commission), Comité Internacional Electrotécnico. Se estableció en 1906 para elaborar normas internacionales con el objetivo de promover la calidad, la aptitud para la función, la seguridad, la reproducibilidad, la compatibilidad con los aspectos medioambientales de los materiales, los productos y los sistemas eléctricos y electrónicos. En la actualidad, forman parte de IEC, 51 comités nacionales.

CEN (Comité Europeo de Normalización). Normas Europeas (EN). Creado en 1961 para el desarrollo de tareas de normalización en el ámbito europeo para favorecer los intercambios de productos y servicios, está compuesto por los organismos de normalización de los quince Estados miembros de la Unión Europea (AENOR por España) y tres países miembros de la Asociación Europea de Libre Cambio

(AELC/EFTA).

CENELEC (Comité Europeo de Normalización Electrotécnica). Comenzó sus actividades de normalización en el campo electrónico y electrotécnico en 1959. Está compuesto por los organismos de normalización de los quince Estados miembros de la Unión Europea (AENOR por España) y tres países miembros de la Asociación Europea de Libre Cambio (AELC/EFTA).

AENOR, es responsable de adoptar como normas **UNE** (Normas Españolas) todas las normas Europeas que se elaboren en el seno de CEN y CENELEC, y de su posterior difusión, distribución, promoción y comercialización, con el objetivo de colaborar en la consecución del Mercado Interior eliminando las barreras técnicas creadas por la existencia de normas diferentes en los distintos Estados miembros de la Unión Europea.

C. Artículos de algunas normativas referenciadas anteriormente.

Artículo 4.1.5: Escritura y orientación de la escritura.
"...Toda escritura que figure en un documento debe poderse leer en dos orientaciones separadas con un ángulo de 90°, desde los bordes inferior y derecho del documento."

Artículo 3.3: Estructura de la documentación:
"La presentación de la documentación conforme con la estructura normalizada permite subcontratar e informatizar fácilmente las

operaciones de mantenimiento. Se admite que los tamaños de los datos relativos a las instalaciones y a los sistemas puedan organizarse mediante estructuras arborescentes que sirvan de base. La estructura representa el modo en que el proceso o producto se subdivide en procesos o subproductos de menor tamaño. Dependiendo de la finalidad, es posible distinguir estructuras diferentes, por ejemplo una estructura orientada a la función y otra al emplazamiento..."

Lámparas de señalización o de alumbrado:
Si se desea expresar el color o el tipo de las lámparas de señalización o de alumbrado en los esquemas, se representará con las siglas de la siguiente tabla:

Especificación de color		Especificación de tipo	
Rojo	RD ó C2	Neón	Ne
Naranja	OG ó C3	Vapor de sodio	Na
Amarillo	YE ó C4	Mercurio	Hg
Verde	GN ó C5	Yodo	I
Azul	BU ó C6	Electroluminescente	EL
Blanco	WH ó C9	Fluorescente	FL
		Infrarrojo	IR
		Ultravioleta	UV

Referenciado de bornas de conexión de los aparatos
Las referencias que se indican son las que figuran en las bornas o en la placa de características del aparato. A cada mando, a cada tipo de contacto, principal, auxiliar instantáneo o temporizado, se le asignan dos referencias alfanuméricas o numéricas propias.

Contactos principales de potencia

La referencia de sus bornas consta de una sola cifra:

-de 1 a 6 en aparatos tripolares

-de 1 a 8 en aparatos tetrapolares

Las cifras impares se sitúan en la parte superior y la progresión se efectúa en sentido descendente y de izquierda a derecha.

Por otra parte, la referencia de los polos ruptores puede ir precedida de la letra "R".

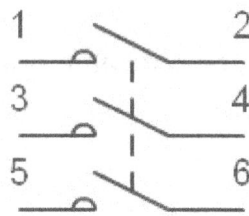

Contactos auxiliares

Las referencias de las bornas de contactos auxiliares constan de dos cifras:

La primera cifra (cifra de las decenas) indica el nº de orden del contacto en el aparato.

Dicho número es independiente de la disposición de los contactos en el esquema. El número 9 (y el 0, si es necesario) quedan reservados para los contactos auxiliares de los relés de protección contra sobrecargas (relés térmicos), seguido de la función 5 - 6 ó 7 - 8.

La segunda cifra (cifra de las unidades) indica la función del contacto auxiliar:

1 - 2 = Contacto de apertura (normalmente cerrado, NC)

3 - 4 = Contacto de cierre (normalmente abierto, NA)

5 - 6 = Contacto de apertura (NC) de función especial (temporizado, decalado, de paso, de disparo de un relé de prealarma, etc.)

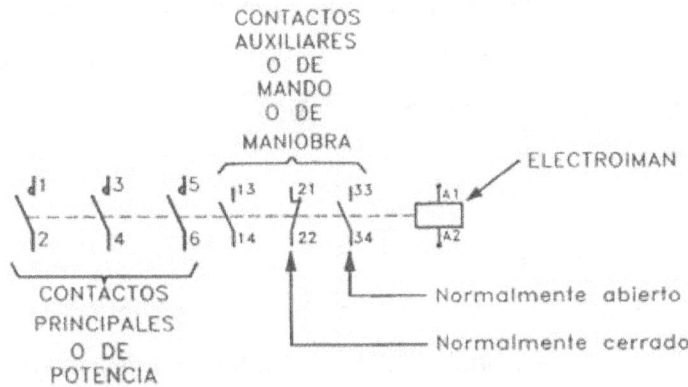

Mandos de control (bobinas)

Las referencias son alfanuméricas. En primer lugar se escribe una letra y a continuación el número de bornas.

Para el control de un contactor de una sola bobina = A1 y A2

Para el control de un contactor de dos devanados = A1 y A2, para el 1er devanado y B1 y B2 para el segundo devanado.

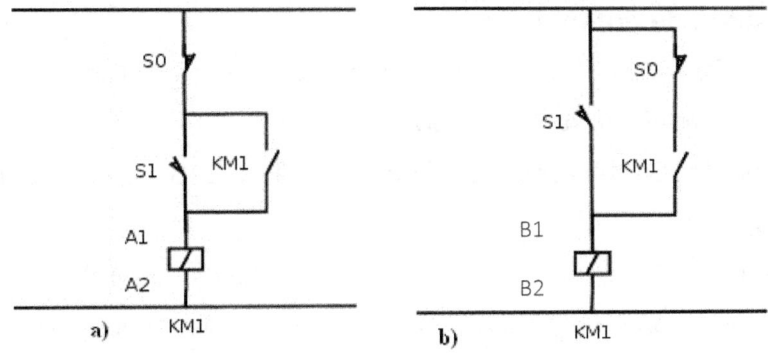

Referenciado de bornas de los borneros

Se deben separar las bornas de conexión en grupos de bornas tal que como mínimo queden dos grupos; uno para los circuitos de control y otro grupo para los circuitos de potencia. Cada grupo de bornas (denominado regletero) se identificará con un nombre distinto con un código alfanumérico cuya primera letra siempre será 'X' seguida por un número identificador del grupo (Ej.: X1, X2, X3, etc.).

Circuitos de control

En cada grupo de bornas, la numeración es creciente de izquierda a derecha y desde 1 hasta 'n'. Por norma, no se debe referenciar la borna con el mismo número que el hilo conectado en ella (a menos que coincidan por circunstancias de la serie de numeración de los hilos).

Ejemplo:

Regletero X1: nº de bornas = 1, 2, 3, 4, 5, 6, 7,8,.... n

Regletero X2: nº de bornas = 1, 2, 3, 4, 5, 6, 7,8,.....n

Circuitos de potencia

De conformidad con las últimas publicaciones internacionales, se utiliza el siguiente referenciado:

- Alimentación tetrapolar: L1 - L2 - L3 - N - PE (3 fases, neutro y tierra)

- Alimentación tripolar: L1 - L2 - L3 - PE (3 fases y tierra)

- Alimentación monofásica simple: L - N - PE (fase, neutro y tierra)

- Alimentación monofásica compuesta: L1 - L2 - PE (2 fases y tierra)

- Salidas a motores trifásicos: U - V - W - (PE)* ó K - L - M - (PE)*

- Salidas a motores monofásicos: U - V - (PE)* ó K - L - (PE)*

- Salidas a resistencias: A - B - C, etc.

* (PE) solo si procede por el sistema de conexión de tierra empleado.

Así, una serie ejemplo de numeración de un regletero de potencia podría ser:

L1-L2-L3-N-PE-U1-V1-W1-U2-V2-W2-U3-V3-W3-U4-V4-U5-V5-W5-.

Simbología normalizada en las instalaciones eléctricas

A. Índice. Simbología eléctrica. Norma UNE – EN 60617 (IEC 60617)

1.- Norma UNE-EN 60617 (IEC 60617)

2.- Conductores, componentes pasivos, elementos de control y protección básicos

3.- Dispositivos de conmutación de potencia, relés, contactos y accionamientos

4.- Instrumentos de medida y señalización

5.- Producción, transformación y conversión de la energía eléctrica

6.- Semiconductores

7.- Operadores analógicos

8.- Operadores lógicos binarios

9.- Ejemplos

10.- Actividades

B. Conceptos y definiciones Norma UNE-EN 60617 (IEC - 60617)

En los últimos años (1996 al 1999) se han visto modificados los símbolos gráficos para esquemas eléctricos, a nivel internacional con la norma IEC 60617, que se ha adoptado a nivel europeo en la norma EN 60617 y que finalmente se ha publicado en España como la norma UNE-EN 60617. Por lo que es necesario dar a conocer los símbolos más usados. La consulta de estos símbolos por medios informáticos en los organismos competentes que la publican (CENELEC y otros) está sujeta a suscripción y pago, por lo que he creído conveniente publicar éste extracto comentado, donde poder consultar de forma gratuita algunos de los símbolos más comunes.

Esta norma, está dividida en las siguientes partes:

Parte	Descripción
UNE-EN 60617-2	Elementos de símbolos, símbolos distintivos y otros símbolos de aplicación general
UNE-EN 60617-3	Conductores y dispositivos de conexión
UNE-EN 60617-4	Componentes pasivos básicos
UNE-EN 60617-5	Semiconductores y tubos electrónicos
UNE-EN 60617-6	Producción, transformación y conversión de la energía eléctrica
UNE-EN 60617-7	Aparamenta y dispositivos de control y protección
UNE-EN 60617-8	Instrumentos de medida, lámparas y dispositivos de señalización
UNE-EN 60617-9	Telecomunicaciones : Conmutación y equipos
	Transmisión
UNE-EN 60617-11	Esquemas y planos de instalación, arquitectónicos y topográficos.
UNE-EN 60617-12	Operadores lógicos binarios
UNE-EN 60617-13	Operadores analógicos

Para conocer todos los símbolos con detalle, así como la representación de nuevos símbolos debe consultarse la norma al completo.

Conductores, componentes pasivos, elementos de control y protección básicos

Los símbolos más utilizados en instalaciones eléctricas son los siguientes:

Símbolo	Descripción

	Objeto (contorno de un Objeto)
	Por ejemplo:
	  - Equipo
	  - Dispositivo
	  - Unidad funcional
	  - Componente
	  - Función
	Deben incorporarse al símbolo o situarse en su proximidad otros símbolos o descripciones apropiadas para precisar el tipo de objeto.
	Si la representación lo exige se puede utilizar un contorno de otra forma.

	Pantalla , Blindaje Por ejemplo, para reducir la penetración de campos eléctricos o electromagnéticos. El símbolo debe dibujarse con la

	forma que convenga.
————————	**Conductor**
L1 3N~380V,50Hz L2 ———— L3 ———— N ———— 3(1x120)+1x70	**Conductor** Se pueden dar informaciones complementarias. Ejemplo: circuito de corriente trifásica, 380 V, 50 Hz, tres conductores de 120 mm^2, con hilo neutro de 70 mm^2
/// 3	**Conductores** (unifilar) Las dos representaciones son correctas Ejemplo: 3 conductores
	Conexión flexible
	Conductor apantallado
	Cable coaxial
	Conexión trenzada Se muestran 3 conexiones
●	**Unión** Punto de conexión
○	**Terminal**
	Regleta de terminales Se pueden añadir marcas de terminales
o	**Conexión en T**
o	**Unión doble de conductores** La forma 2 se debe utilizar solamente si es necesario por razones de representación.

	Caja de empalme, se muestra con tres conductores con T conexiones. Representación multilineal.
	Caja de empalme, se muestra con tres conductores con T conexiones. Representación unifilar.
	Corriente continua
	Corriente alterna
	Corriente rectificada con componente alterna. (Si es necesario distinguirla de una corriente rectificada y filtrada)
+	**Polaridad positiva**
—	**Polaridad negativa**
N	**Neutro**
	Tierra Se puede dar información adicional sobre el estado de la tierra si su finalidad no es evidente.
	Masa, Chasis Se puede omitir completa o parcialmente las rayas si no existe

	Lámpara, símbolo general.
	Luminaria, símbolo general. **Lámpara fluorescente**, símbolo general
	Luminaria con tres tubos fluorescentes (multifilar)
	Luminaria con cinco tubos fluorescentes (unifilar)
	Cebador, Tubo de descarga de gas con Starter térmico para lámpara fluorescente.
	Base de enchufe con interruptor unipolar
	Base de enchufe (telecomunicaciones). Símbolo general. Las designaciones se pueden utilizar para distinguir diferentes tipos de tomas: TP = teléfono FX = telefax M = micrófono FM = modulación de frecuencia TV = televisión TX = telex ⊲) = altavoz
	Punto de salida para aparato de iluminación

	Resistencia, símbolo general.
	Fotorresistencia
	Resistencia variable
	Resistencia variable de valor preajustado
	Potenciómetro con contacto móvil
	Resistencia dependiente de la tensión
	Elemento calefactor
	Condensador, símbolo general.
	Condensador polarizado, condensador electrolítico.
	Condensador variable
	Condensador con ajuste predeterminado
	Bobina, símbolo general, **inductancia, arrollamiento o reactancia**

	Interruptor. Unifilar
	Interruptor con luz piloto. Unifilar
	Interruptor unipolar con tiempo de conexión limitado. Unifilar
	Interruptor graduador. Unifilar. Regulador de intensidad luminosa.
	Interruptor bipolar. Unifilar.
	Conmutador
	Conmutador unipolar. Unifilar. Por ejemplo, para los diferentes niveles de iluminación.
	Bobina con núcleo magnético
	Bobina con tomas fijas, se muestra una toma intermedia.
	Interruptor normalmente abierto (NA). Cualquiera de los dos símbolos es válido.
	Interruptor normalmente cerrado (NC).
	Interruptor automático. Símbolo general.

	Interruptor unipolar de dos posiciones. **Conmutador de vaivén** . Unifilar.
	Conmutador con posicionamiento intermedio de corte
	Conmutador intermedio. **Conmutador de cruce.** Unifilar. Diagrama equivalente de circuitos.
	Pulsador normalmente cerrado
	Pulsador normalmente abierto
	Pulsador. Unifilar.
	Pulsador con lámpara indicadora. Unifilar.
	Calentador de agua Símbolo representado con cableado.
	Ventilador Símbolo representado con cableado.
	Cerradura eléctrica
	Interfono. Por ejemplo: intercomunicador.
	Fusible
	Fusible-Interruptor

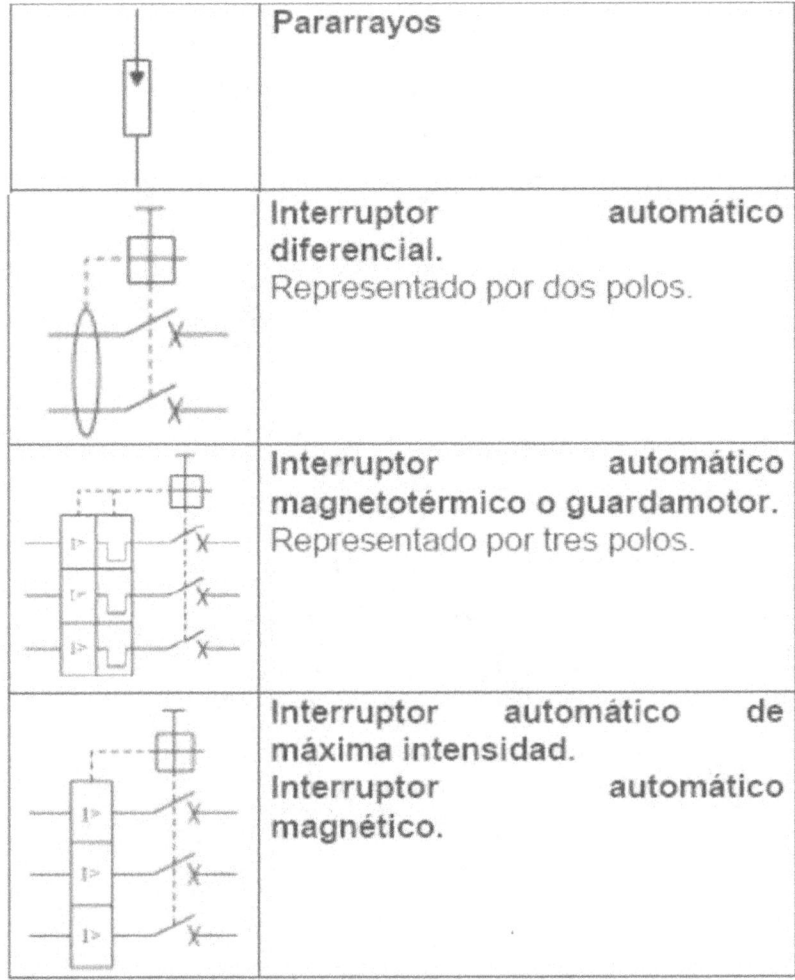

	Pararrayos
	Interruptor automático diferencial. Representado por dos polos.
	Interruptor automático magnetotérmico o guardamotor. Representado por tres polos.
	Interruptor automático de máxima intensidad. Interruptor automático magnético.

Dispositivos de conmutación de potencia, relés, contactos y accionamientos

La obtención de los distintos símbolos se forman a partir de la combinación de acoplamientos, accionadores y otros símbolos básicos.

A continuación se muestran los más importantes y luego algunos de los símbolos más comunes.

Contactos de elementos de control	
Símbolo	**Descripción**
	Interruptor normalmente abierto (NA).
	Interruptor normalmente cerrado (NC).
	Conmutador
	Contacto inversor solapado. Cierra el NO antes de abrir NC
	Contacto de paso, con cierre momentáneo cuando su dispositivo de control se activa
	Contacto de paso, con cierre momentáneo cuando su dispositivo de control se desactiva
	Contacto de paso, con cierre momentáneo cuando su dispositivo de control se activa o se desactiva
	Contacto (de un conjunto de varios contactos) de cierre adelantado respecto a los demás contactos del conjunto
	Contacto (de un conjunto de varios contactos) de cierre retrasado respecto a los demás contactos del conjunto
	Contacto (de un conjunto de varios contactos) de apertura retrasada respecto a los demás contactos del conjunto
	Contacto (de un conjunto de varios contactos) de apertura adelantada respecto a los demás contactos del conjunto
	Contacto de cierre retardado a la conexión de su dispositivo de mando Temporizador a la conexión
	Contacto de cierre retardado a la desconexión de su dispositivo de mando Temporizador a la desconexión
	Contacto de apertura retardado a la conexión de su dispositivo de mando Temporizador a la conexión

Contactos de elementos de control	
Símbolo	**Descripción**
	Interruptor normalmente abierto (NA).
	Interruptor normalmente cerrado (NC).
	Conmutador
	Contacto inversor solapado. Cierra el NO antes de abrir NC
	Contacto de paso, con cierre momentáneo cuando su dispositivo de control se activa
	Contacto de paso, con cierre momentáneo cuando su dispositivo de control se desactiva
	Contacto de paso, con cierre momentáneo cuando su dispositivo de control se activa o se desactiva
	Contacto (de un conjunto de varios contactos) de cierre adelantado respecto a los demás contactos del conjunto
	Contacto (de un conjunto de varios contactos) de cierre retrasado respecto a los demás contactos del conjunto
	Contacto (de un conjunto de varios contactos) de apertura retrasada respecto a los demás contactos del conjunto
	Contacto (de un conjunto de varios contactos) de apertura adelantada respecto a los demás contactos del conjunto
	Contacto de cierre retardado a la conexión de su dispositivo de mando Temporizador a la conexión
	Contacto de cierre retardado a la desconexión de su dispositivo de mando Temporizador a la desconexión
	Contacto de apertura retardado a la conexión de su dispositivo de mando Temporizador a la conexión

Instrumentos de medida y señalización		
	$\overset{V}{U_d}$ (en círculo)	**Voltímetro diferencial.** Indicador de la diferencia de tensión entre dos señales.
	(flecha hacia arriba en círculo)	**Galvanómetro.** Indicador del aislamiento galvánico.
	(símbolo en círculo)	**Termómetro. Pirómetro.** Indicador de la temperatura.
	n (en círculo)	**Tacómetro.** Indicador de las revoluciones.
	⊗	**Lámpara de señal,** símbolo general. Si se desea indicar el color, se debe colocar el siguiente código junto al símbolo: RD ó C2 = rojo OG ó C3 = Naranja YE ó C4 = amarillo GN ó C5 = verde BU ó C6 = azul WH ó C9 = blanco Si se desea indicar el tipo de lámpara, se debe colocar el siguiente código junto al símbolo: Ne = neón Xe = xenón Na = vapor de sodio Hg = mercurio I = yodo IN = incandescente EL = electrominínico ARC = arco FL = fluorescente IR = infrarrojo UV = ultravioleta LED = diodo de emisión de luz.
	(⊗ con símbolo oscilatorio)	**Lámpara de señalización, tipo oscilatorio**
	(⊗ con transformador)	**Lámpara alimentada mediante transformador incorporado.**
	(símbolo bocina)	**bocina**
	(símbolo timbre)	**Timbre, campana**
	(símbolo zumbador)	**Zumbador**
	(símbolo sirena)	**Sirena**
	(símbolo silbato)	**Silbato de accionamiento eléctrico**
	(símbolo)	**Elemento de señalización electromecánico**

Producción, transformación y conversión de la energía eléctrica		Motor de excitación (shunt) derivación, de corriente continua
		Motor de corriente continua de imán permanente.
		Generador de corriente continua con excitación compuesta corta, representado con terminales y escobillas.
		Motor de colector serie monofásico. Máquina de corriente alterna.
		Motor serie trifásico. Máquina de colector.
		Motor síncrono monofásico.
		Generador síncrono trifásico, con inducido en estrella y neutro accesible.
		Generador síncrono trifásico de imán permanente.
		Motor de inducción trifásico con rotor en jaula de ardilla.
		Motor de inducción trifásico con rotor bobinado.
		Motor de inducción trifásico con estator en estrella y arrancador automático incorporado.

111

	Transformador de dos arrollamientos (monofásico). Unifilar
	Transformador de dos arrollamientos (monofásico). Multifilar.
	Transformador de tres arrollamientos. Unifilar
	Transformador de tres arrollamientos. Multifilar
	Autotransformador. Unifilar
	Autotransformador. Multifilar
	Transformador con toma intermedia en un arrollamiento. Unifilar.
	Transformador con toma intermedia en un arrollamiento. Multifilar.
	Transformador trifásico, conexión estrella – triángulo. Unifilar
	Transformador trifásico, conexión estrella – triángulo. Multifilar
	Transformador de corriente o transformador de impulsos. Unifilar

112

Semiconductores

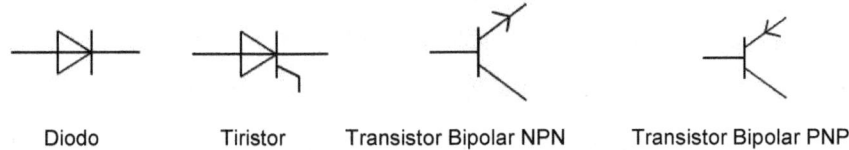

| Diodo | Tiristor | Transistor Bipolar NPN | Transistor Bipolar PNP |

Esta norma desarrolla muchísimos más símbolos normalizados de representación, de uso menos frecuentes y más especializados. Para consultar el listado completo se recomienda leer la norma completa.

Planos y esquemas eléctricos normalizados. Topología

Representación del esquema de los circuitos

Se admiten dos tipos de representación de los esquemas de los circuitos: **Unifilar y desarrollado.**

Cada uno de ellos tiene un cometido distinto en función de lo que se requiere expresar:

Esquema unifilar

El esquema unifilar o simplificado se utiliza muy poco para la representación de equipos eléctricos con automatismos por su pérdida de detalle al simplificar los hilos de conexión agrupándolos por grupos de fases, viéndose relegado este tipo de esquemas a la representación de circuitos únicamente de distribución o con muy poca automatización en documentos en los que no sea necesario expresar el detalle de las conexiones. Todos los órganos que constituyen un aparato se representan los unos cerca de los otros, tal como se implantan físicamente, para fomentar una visión globalizada del equipo. El esquema unifilar no permite la ejecución del cableado. Debemos recordar que las normativas internacionales obligan a todos los fabricantes de equipos eléctricos a facilitar con el equipo todos los esquemas necesarios para su mantenimiento y reparación, con el máximo detalle posible para no generar errores o confusiones en estas tareas por lo que se recomienda el uso de esquemas desarrollados.

Esquema desarrollado

Este tipo de esquemas es explicativo y permite comprender el funcionamiento detallado del equipo, ejecutar el cableado y facilitar su reparación. Mediante el uso de símbolos, este esquema representa un equipo con las conexiones eléctricas y otros enlaces que intervienen en su funcionamiento. Los órganos que constituyen un aparato no se representan los unos cerca de los otros, (tal como se implantarían físicamente), sino que se separan y sitúan de tal modo que faciliten la comprensión del funcionamiento. Salvo excepción, el esquema no debe contener trazos de unión entre elementos constituyentes del mismo aparato (para que no se confundan con conexiones eléctricas) y cuando sea estrictamente necesaria su representación, se hará con una línea fina de trazo discontinuo. Se hace referencia a cada elemento por medio de la identificación de cada aparato, lo que permite definir su tipo de interacción. Por ejemplo, cuando se alimenta el circuito de la bobina del contactor KM2, se abre el contacto de apertura correspondiente 21-22 representado en otro punto del esquema y referenciado también con las mismas siglas KM2. Se puede utilizar el hábito de preceder las referencias a los aparatos de un guion para distinguir rápidamente las siglas identificadoras del aparato en el esquema de otras siglas, números de serie o referencias que puedan acompañar la representación del símbolo.

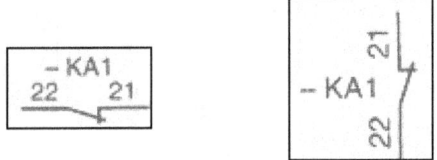

Representación horizontal y vertical de un contacto

Representación
Ejemplos de representación de Circuitos eléctricos:

Esquema de conexionado

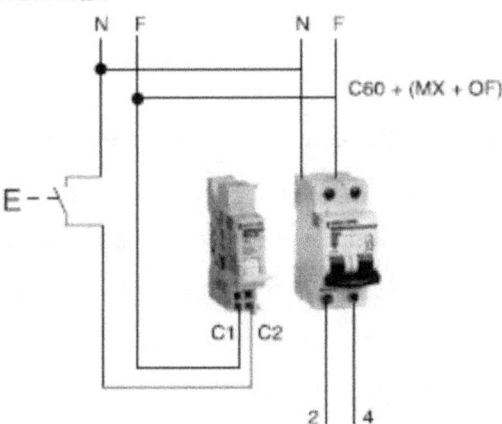

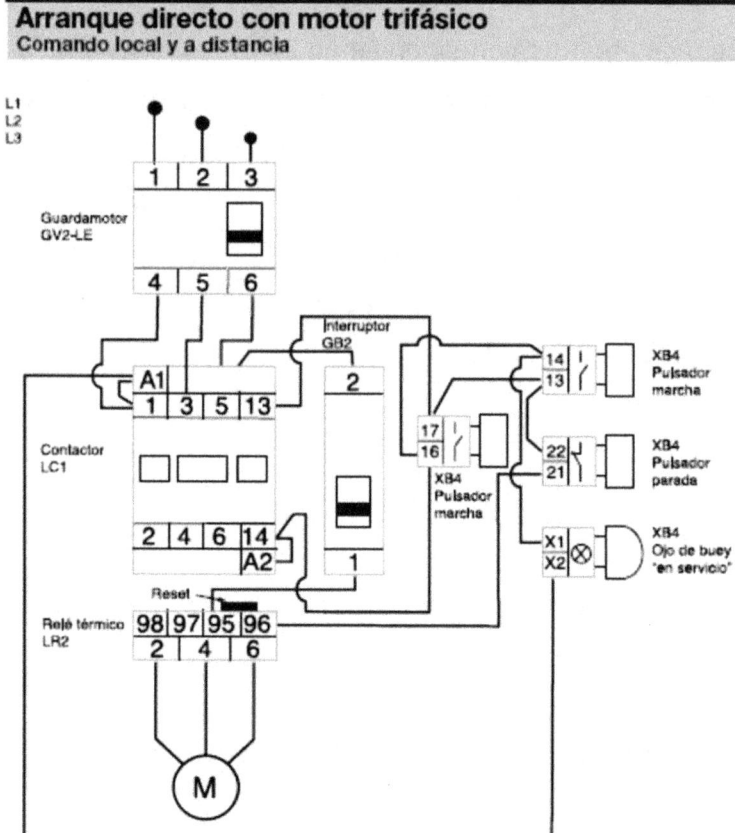

Arranque directo con motor trifásico
Comando local y a distancia

Plano. Definición

Los planos deberán ser lo suficientemente descriptivos para la exacta realización de la obra, a cuyos efectos deberá poderse deducir también de ellos los planos auxiliares de obra o taller.

Los planos deberán ser también lo suficientemente descriptivos y estar acotados para que se puedan deducir de ellos las mediciones que sirvan de base para las valoraciones pertinentes. Se ajustarán a la normativa vigente. Los planos contendrán los detalles necesarios para que el constructor, bajo las instrucciones del director de obra, pueda ejecutar la construcción, y en particular, los detalles de uniones y nudos entre elementos estructurales y entre éstos y el resto de los de la obra. En cada plano figurará un cuadro con las características de los materiales estructurales, la modalidad de control de calidad previsto, si procede, y los coeficientes de seguridad adoptados en el cálculo. Se recomienda que los planos se incorporen al proyecto, de tal forma que para su examen cómodo no sea preciso desencuadernar o romper el documento. Todos y cada uno de los planos serán doblados al mismo tamaño, y de forma tal que en su cara externa aparezca un sello o cajetín donde queden expresados necesariamente los siguientes conceptos:

- *Título completo del proyecto.*
- *Localización.*
- *Nombre del cliente.*
- *Nombre y firma del autor, bajo el rótulo de Ing. Agrónomo.*
- *Fecha.*
- *Rotulación del plano, exacta y concisa.*
- *Escala o escalas.*
- *Número de orden que le corresponda.*

Cuando un proyecto haya sido redactado en el seno de una Empresa por un Ingeniero Agrónomo al servicio de la misma, se admitirá la rotulación del nombre de la Empresa en la cabecera del cajetín o sello. En todo caso, el Ingeniero firmará únicamente en calidad de tal, sin admitirse que haga constar otro título o condición de Jerarquía o empleo dentro de la firma comercial.

Será rechazado en su totalidad cualquier ejemplar de proyecto que lleve enmiendas, raspaduras o tachaduras en los planos u otros documentos o cuando se falte al decoro en la presentación de los mismos. Los planos deberán ir rubricados por firma/s legalmente reconocida del autor o autores del proyecto.

Con carácter no limitativo, y en función de la naturaleza del proyecto, se deben incluir los siguientes planos:

1. * Localización y situación: Referido al planeamiento vigente, con referencia a puntos localizables y con indicación del norte geográfico.

2. * Emplazamiento: Justificación urbanística, alineaciones, retranqueos, etc.

3. * Urbanización: Red viaria, acometidas, etc.

4. Condicionantes del medio: servidumbres, vías pecuarias, líneas aéreas.

5. * Situación actual

6. * Replanteo

7. * Edificaciones proyectadas

> * Plantas generales: Acotadas, con indicación de escala y de usos, reflejando los elementos fijos y los de mobiliario cuando sea preciso para la comprobación de la funcionalidad de los espacios.
>
> * Plantas de cubiertas: Pendientes, puntos de recogida de aguas, etc.
>
> * Alzados y secciones: Acotados, con indicación de escala y cotas de altura de plantas, gruesos de forjado, alturas totales, para comprobar el

cumplimiento de los requisitos urbanísticos y funcionales.

* Estructuras: Descripción gráfica y dimensional de todo del sistema estructural (cimentación, estructura portante y estructura horizontal). En los relativos a la cimentación se incluirá, además, su relación con el entorno inmediato y el conjunto de la obra.

* Instalaciones: Descripción gráfica y dimensional de las redes de cada instalación, plantas, secciones y detalles.

* Definición constructiva: Documentación gráfica de detalles constructivos.

* Memorias gráficas: Indicación de soluciones concretas y elementos singulares: carpintería, cerrajería, etc.

8. * Planos de instalaciones industriales con detalle adecuado.

9. * Planos de implantación de maquinaria y equipos con detalle adecuado y acotados.

10. * Otros planos (Focos emisores, vías de evacuación).

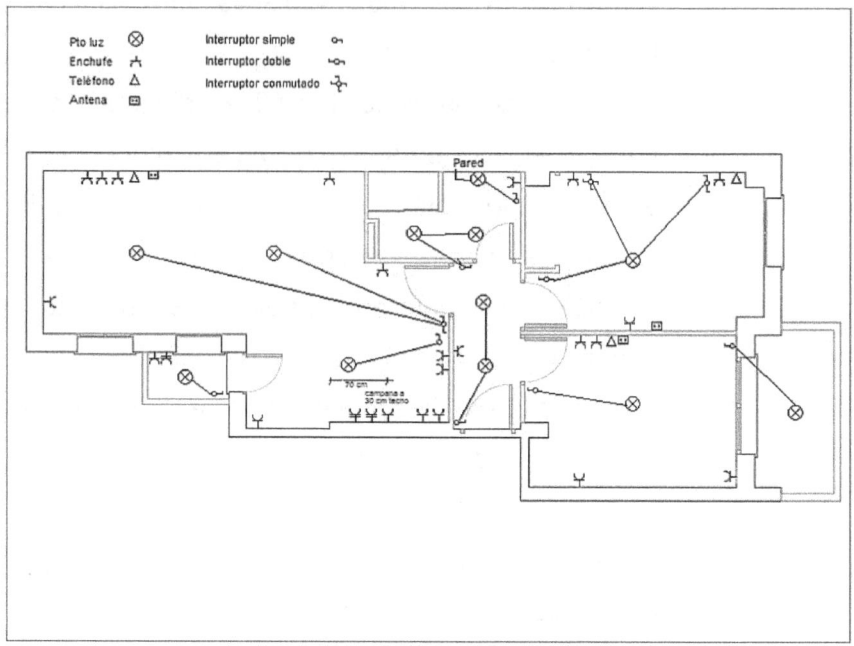

Ejemplo de plano eléctrico domiciliario

Interpretación de esquemas eléctricos

Esquema

(Del lat. schema, y este del gr. σχῆμα, figura).

1. m. Representación gráfica o simbólica de cosas materiales o inmateriales.

2. m. Resumen de un escrito, discurso, teoría, etc., atendiendo solo a sus líneas o caracteres más significativos.

3. m. Idea o concepto que alguien tiene de algo y que condiciona su comportamiento.

Lo que podemos obtener de estas definiciones son:

Esquema
Gráfico, Simbólico
Resumen
Lo más significativo, conceptos

Acabamos de construir un pequeño esquema, que define el propio concepto.

Un esquema es un *resumen* de los [conceptos o elementos] más [significativos o importantes] de una materia, dispuestos de una forma gráfica o simbólica.

Ejemplos:

Esquema organizativo.

Esquema eléctrico.

Esquema temático.

Esquema numerado.

Es importante para interpretar los esquemas eléctricos:

-   Conocer el funcionamiento de los elementos que componen dicho esquema.
-   Conocer que representa cada símbolo dibujado en el esquema.
-   Conocer y reconocer los valores allí establecidos. Tensión, Amperaje, Ohms, Potencia, etc.
-   Reconocer los tipos de circuitos, comandos y elementos que componen el esquema.

- Finalmente, reconocer el funcionamiento general de todo el esquema.

Ejemplo de esquemas eléctricos domiciliarios, con fuente de alimentación trifásica y monofásica, con detalles de elementos de consumo. Elementos de corte y derivaciones.

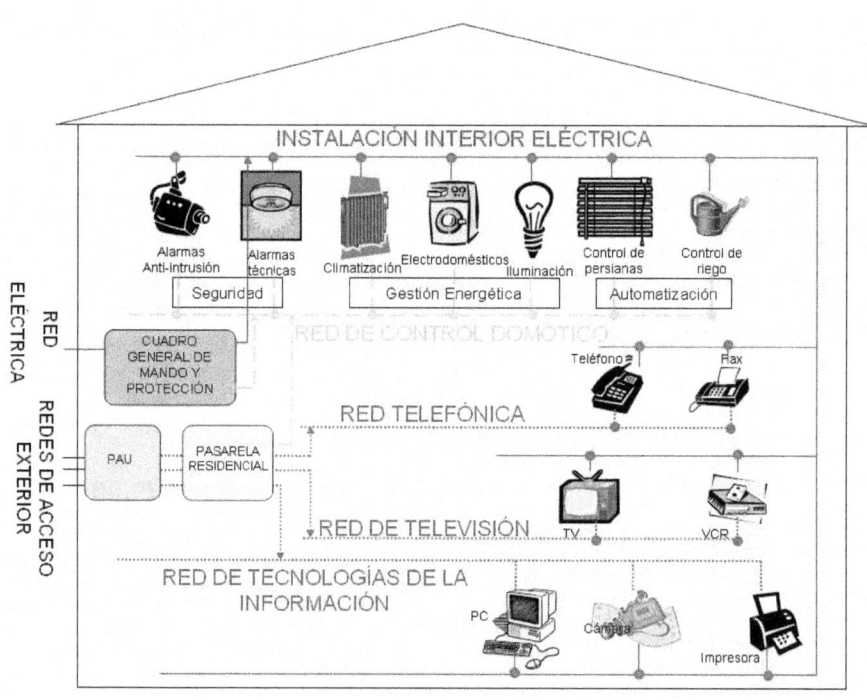

Esquema Instalación de vivienda

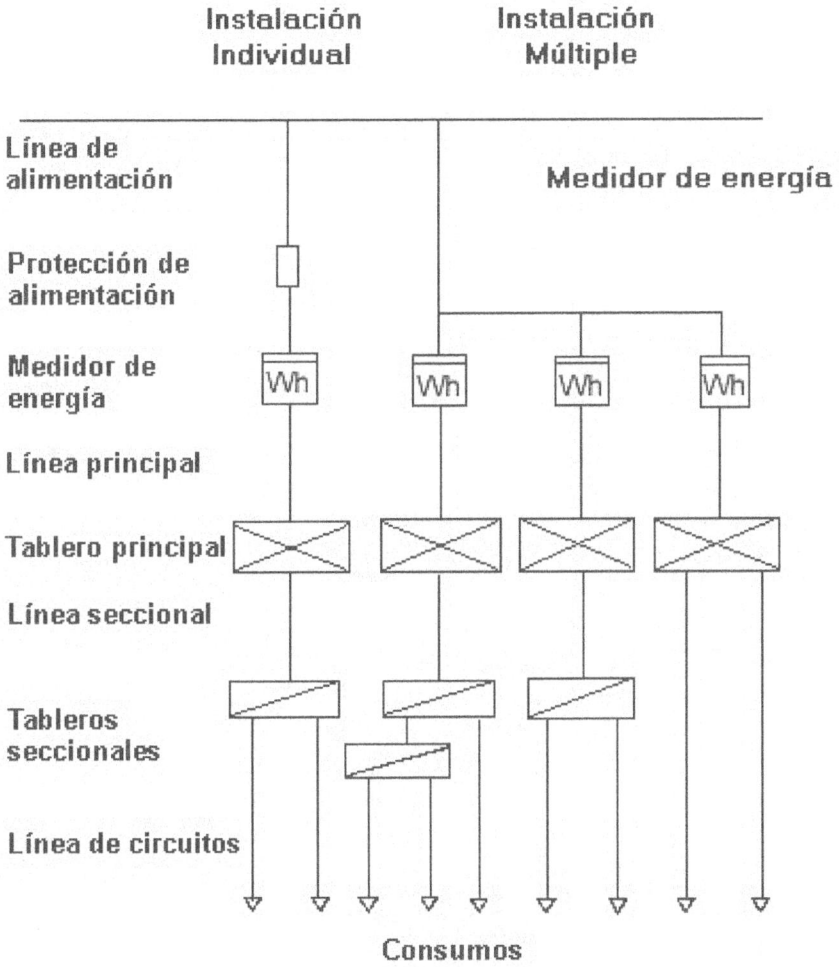

Instalación Individual Instalación Múltiple

Línea de alimentación

Medidor de energía

Protección de alimentación

Medidor de energía

Línea principal

Tablero principal

Línea seccional

Tableros seccionales

Línea de circuitos

Consumos

Arranque con Altistart 46:
1 sentido de marcha - Parada libre - Coord. tipo 1

Alimentación trifásica

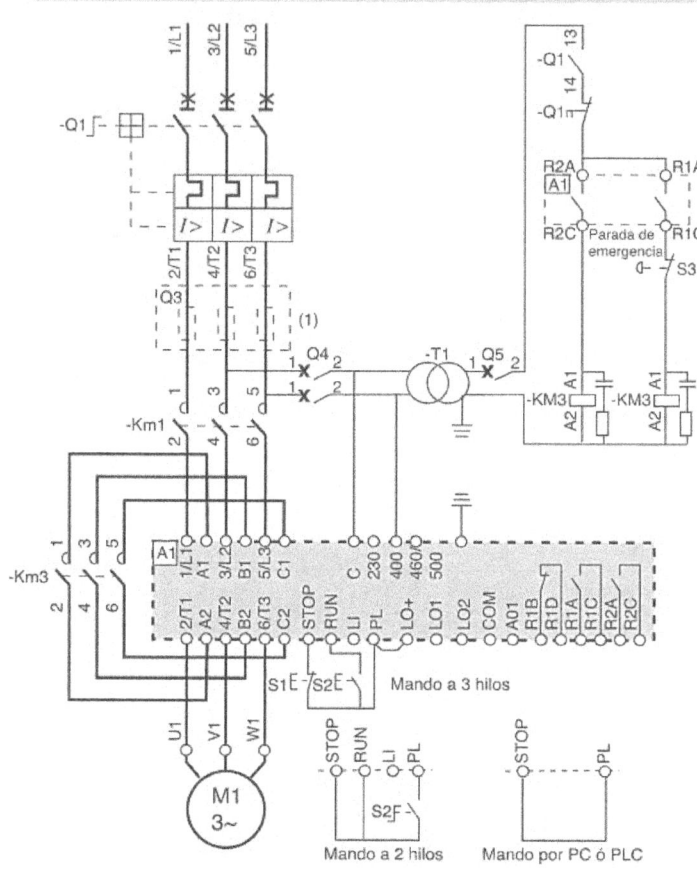

- **Q1:** Guardamotor magnetotérmico calibre In del motor, tipo GV2M/P, GV7-R.
- **Q3:** Fusibles ultrarrápidos en caso de requerir coordinación tipo 2.
- **Q4:** Guardamotor magnético GV2 calibre 2 veces In del primario de T1.
- **Q5:** Interruptores magnetotérmicos de control tipo GB2, uni o bipolares, calibre según In de la carga.
- **KM1:** Contactor de línea, calibre In del motor, tipo LC1 con filtros antiparasitarios.
- **KM3:** Contactor de by pass, calibre In del motor, tipo LC1, con filtros antiparasitarios.
- **S1- S2:** Pulsadores de marcha y parada tipo XB2.
- **T1:** Transformador de control de potencia según la carga.
- **A1:** Altistart adaptado a la potencia del motor, circuito del ejemplo ATS46D47N a 46M12N.
- **S3:** Pulsador de parada de emergencia tipo XB2-B (golpe de puño)

124

AUTOEVALUACIÓN

Representación gráfica y simbología en las instalaciones eléctricas: Normas de representación. Simbología normalizada en las instalaciones eléctricas. Planos y esquemas eléctricos normalizados. Topología. Interpretación de esquemas eléctricos en las de interior.

---

1. Las Normas de Representación gráfica y simbología en las instalaciones eléctricas, son:
- a) Ninguna
- b) Tres
- c) Varias
- d) Todas
- e) Una

2. Qué entidad es responsable de adoptar como normas UNE (Normas Españolas) todas las normas Europeas que se elaboren en el seno de CEN y CENELEC?
- a) CEI o IEC
- b) CEN
- c) CENELEC
- d) AENOR
- e) Ninguna es correcta

3. La norma UNE (Simbología eléctrica) de aplicación en España es:
- a) Norma UNE – EN 60615 (IEC 60615)
- b) Norma UNE – EN 60616 (IEC 60616)
- c) Norma UNE – EN 60614 (IEC 60614)
- d) Norma UNE – EN 60610 (IEC 60610)
- e) Norma UNE – EN 60617 (IEC 60617)

4. Señalar en que N° de índice de la Norma mencionada se encuentra: Conductores, componentes pasivos, elementos de control y protección básicos:

 a) 1
 b) 3
 c) 2
 d) 4
 e) Ninguna es correcta.

5. Señalar cual descripción de símbolo corresponde a: Dispositivos de conmutación de potencia, relés, contactos y accionamientos.

 a) Transistor
 b) Interruptor normalmente abierto
 c) Galvanómetro
 d) Densímetro
 e) Todas son correctas

6. Señalar cual descripción de símbolo corresponde a: Instrumentos de medida y señalización.

 a) Sirena
 b) Manómetro
 c) Escalímetro
 d) Voltímetro
 e) a y d son correctas

7. Señalar cual descripción de símbolo corresponde a: Producción, transformación y conversión de la energía eléctrica.

 a) Motor serie trifásico
 b) Generador síncrono trifásico
 c) Transformador de dos arrollamientos monofásico
 d) Motor síncrono monofásico
 e) Ninguna es correcta

8. Cuál descripción corresponde al símbolo:

 a) Tiristor
 b) Transistor
 c) Resistor
 d) Diodo
 e) Capacitor

9. ¿Cuál de las siguientes es la correcta?

a) Debemos recordar que las normativas internacionales no obligan a todos los fabricantes de equipos eléctricos a facilitar con el equipo todos los esquemas necesarios para su mantenimiento y reparación.

b) Debemos recordar que las normativas internacionales obligan a todos los fabricantes de equipos eléctricos a facilitar con el equipo todos los elementos necesarios para su mantenimiento y reparación.

c) No debemos recordar que las normativas internacionales obligan a todos los fabricantes de equipos eléctricos a facilitar con el equipo todos los esquemas necesarios para su mantenimiento y reparación.

d) Debemos recordar que las normativas internacionales obligan a todos los fabricantes de equipos eléctricos a facilitar con el equipo todos los esquemas necesarios para su armado y puesta a punto.

e) Debemos recordar que las normativas locales obligan a todos los fabricantes de equipos eléctricos a facilitar con el equipo todos los esquemas necesarios para su mantenimiento y reparación.

10. Qué define el siguiente enunciado: *Este tipo de esquemas es explicativo y permite comprender el funcionamiento detallado del equipo, ejecutar el cableado y facilitar su reparación.*

a) Esquema armado.
b) Esquema sintetizado.
c) Esquema impreso
d) Esquema desarrollado
e) Esquema despiezado.

11. ¿Cuál de los siguientes es un tipo de representación de los esquemas?

a) Esquema polar
b) Esquema multifilar
c) Esquema polifilar
d) Esquema unificar
e) Ninguna es correcta

12. Para la exacta realización de la obra, los planos deberán ser lo suficientemente:
   a) Imaginativos
   b) Comparativos
   c) Permisivos
   d) Descriptivos
   e) Activos

13. De los siguientes cuál corresponde a conceptos que quedarán expresados en el plano.
   a) Título completo del proyecto
   b) Fecha.
   c) Rotulación del plano, exacta y concisa.
   d) Escala o escalas
   e) Todas son correctas

14. Señalar la definición que es correcta:
   a) Los planos no deberán ir rubricados por firma/s legalmente reconocida del autor o autores del proyecto.
   b) Los esquemas deberán ir rubricados por firma/s legalmente reconocida del autor o autores del proyecto.
   c) Los planos deberán ir rubricados por firma/s legalmente no reconocida del autor o autores del proyecto.
   d) Los planos deberán ir rubricados por firma/s legalmente reconocida del autor o autores del proyecto
   e) Ninguna es correcta.

15. De los siguientes tipos esquemáticos, ¿Cuál corresponde al área de la electrotecnia?
   a) Esquema organizativo.
   b) Esquema eléctrico.
   c) Esquema temático.
   d) Esquema numerado.
   e) Esquema electrónico.

16. ¿Qué es importante para interpretar los esquemas eléctricos?
   a) Saber dibujar
   b) Conocer el funcionamiento de los elementos que componen dicho esquema.
   c) Conocer que representa cada símbolo dibujado en el esquema.
   d) Conocer y reconocer los valores allí establecidos. Tensión, Amperaje, Ohms, Potencia, etc.
   e) b, c y d son correctas.

17. Cuál descripción corresponde al símbolo:
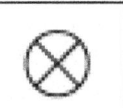
   a) Interruptor
   b) Condensador
   c) Timbre
   d) Alarma
   e) Lámpara

18. Cuál descripción corresponde al símbolo:

   a) Masa
   b) Transistor
   c) Condensador
   d) Tierra
   e) Pararrayo

19. Cuál descripción corresponde al símbolo:
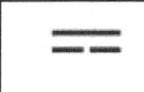
   a) Corriente continua
   b) Osciloscopio
   c) Onda de radio
   d) Corriente alterna
   e) Frecuencia

20. Cuál descripción corresponde al símbolo:
   a) Corriente alterna
   b) Corriente continua
   c) Conductor bifilar
   d) Fase + tierra
   e) Fase + Neutro

SOLUCIONARIO

1. c)
2. d)
3. e)
4. c)
5. b)
6. a)
7. a)
8. d)
9. b)
10. d)
11. b)
12. d)
13. e)
14. d)
15. b)
16. e)
17. e)
18. d)
19. d)
20. b)

Maniobra, mando y protección en media y baja tensión: Generalidades. Interruptores, disyuntores, seccionadores, fusibles. Interruptores automáticos magnetotérmicos, interruptores diferenciales.

Maniobra, mando y protección en media y baja tensión

Generalidades

Normativa de referencia:

Reglamento Electrotécnico para Baja Tensión

REAL DECRETO 842/2002, de 2 de agosto, por el que se aprueba el Reglamento electrotécnico para baja tensión. BOE núm. 224 del miércoles 18 de septiembre.

A. Ámbitos de una instalación

En las instalaciones eléctricas podemos distinguir dos ámbitos que influyen en las características de elección de los aparatos y en su instalación:

a) De características residenciales

Se trata de instalaciones domiciliarias unifamiliares, múltiples y comercios de pequeña envergadura. La operación de los sistemas es realizada, generalmente por personal no calificado (usuarios BA1). La alimentación es siempre en baja tensión, y los consumos de energía son pequeños. El instalador tiene la responsabilidad de cumplir con la Reglamentación mencionada para ambientes donde se desempeñan y operan la instalación de baja tensión. Los aparatos a instalar en los tableros de distribución domiciliarios son modulares. En un mismo cuadro, conservando un aspecto armonioso, pueden asociarse interruptores, interruptores diferenciales, contadores, interruptores horarios, automáticos de escalera y muchos otros productos que no se mencionarán en este manual. En particular, los interruptores termomagnéticos que hemos incluido son los que poseen la curva de disparo tipo B, C y D.

Instalación de vivienda unifamiliar

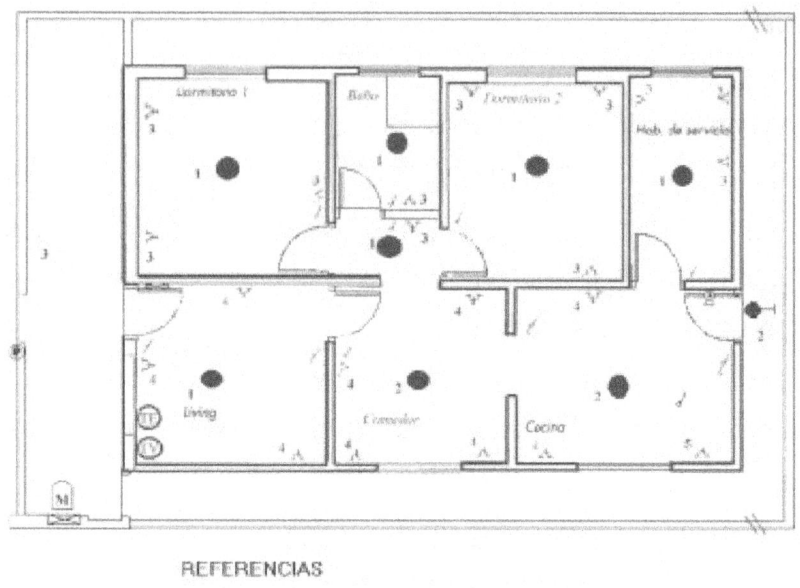

REFERENCIAS

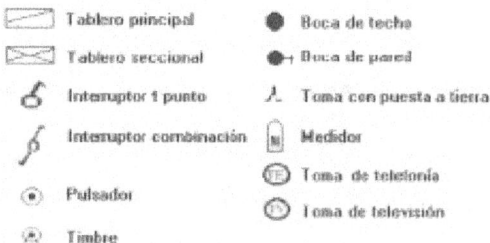

- ▱ Tablero principal
- ⋈ Tablero seccional
- ⌐ Interruptor 1 punto
- ⌐ Interruptor combinación
- ⊙ Pulsador
- ⌂ Timbre

- ● Boca de techo
- ●⊣ Boca de pared
- ⋏ Toma con puesta a tierra
- ⊞ Medidor
- ⊞ Toma de telefonía
- ⊞ Toma de televisión

b) De características industriales y comerciales

Se trata de Instalaciones Industriales, comerciales donde las instalaciones son mantenidas y operadas por personal Idóneo en electricidad. En estos casos los consumos de energía son importantes, y puede haber suministro en alta y/o media tensión. En el sistema de baja tensión, la instalación comienza en el cuadro general de distribución, que contiene los aparatos de corte y seccionamiento que alimentan a los cuadros secundarios.

En este ámbito, los aparatos involucrados abarcan desde los interruptores termomagnéticos y diferenciales, hasta los interruptores automáticos de potencia que permiten maniobrar hasta 600ª, e interrumpir cortocircuitos de hasta 150kA en 15 VCA. Las líneas de conducción de alta tensión suelen estar formadas por cables de cobre, aluminio o acero recubierto de aluminio o cobre. Estos cables están suspendidos de postes o pilones, altas torres de acero, mediante una sucesión de aislantes de porcelana. Gracias a la utilización de cables de acero recubierto y altas torres, la distancia entre éstas puede ser mayor, lo que reduce el coste del tendido de las líneas de conducción; las más modernas, con tendido en línea recta, se construyen con menos de cuatro torres por kilómetro. En algunas zonas, las líneas de alta tensión se cuelgan de postes de madera; para las líneas de distribución, a menor tensión, suelen ser postes de madera, más adecuados que las torres de acero. En las ciudades y otras áreas donde los cables aéreos son peligrosos se utilizan cables aislados subterráneos. Algunos cables tienen el centro hueco para que circule aceite a baja presión. El aceite proporciona una protección temporal contra el agua, que podría producir fugas en el cable. Se utilizan con frecuencia tubos rellenos con muchos cables y aceite a alta presión (unas 15 atmósferas) para la transmisión de tensiones de hasta 345 kilovoltios. Cualquier sistema de distribución de electricidad requiere una serie de equipos suplementarios para proteger los generadores, transformadores y las propias líneas de conducción. Suelen incluir dispositivos diseñados para regular la tensión que se proporciona a los usuarios y corregir el factor de potencia del sistema. Los cortacircuitos se utilizan para proteger todos los elementos de la instalación contra cortocircuitos y sobrecargas y para realizar las operaciones de conmutación ordinarias. Estos cortacircuitos son grandes interruptores que se activan de modo automático cuando ocurre un cortocircuito o cuando una circunstancia anómala produce una subida repentina de la corriente. En el momento en el que este dispositivo interrumpe la corriente se forma un arco eléctrico entre sus terminales. Para evitar este arco, los grandes cortacircuitos, como los utilizados para proteger los generadores y las secciones de las líneas de conducción primarias, están sumergidos en un líquido aislante, por lo general aceite. También se utilizan campos magnéticos para romper el arco. En tiendas, fábricas y viviendas se utilizan pequeños cortacircuitos diferenciales. Los aparatos eléctricos también incorporan unos cortacircuitos llamados fusibles, consistentes en un alambre de una aleación de bajo punto de fusión; el fusible se introduce en el circuito y se funde si la corriente aumenta por encima de un valor predeterminado.

Fallos del sistema

En muchas zonas del mundo las instalaciones locales o nacionales están conectadas formando una red. Esta red de conexiones permite que la electricidad generada en un área se comparta con otras zonas. Cada empresa aumenta su capacidad de reserva y comparte el riesgo de apagones. Estas redes son enormes y complejos sistemas compuestos y operados por grupos diversos. Representan una ventaja económica pero aumentan el riesgo de un apagón generalizado, ya que si un pequeño cortocircuito se produce en una zona, por sobrecarga en las zonas cercanas se puede transmitir en cadena a todo el país. Muchos hospitales, edificios públicos, centros comerciales y otras instalaciones que dependen de la energía eléctrica tienen sus propios generadores para eliminar el riesgo de apagones.

Esquema de Transformación de Media tensión a Baja tensión

B. Protección, mando y maniobra de una instalación

Acometida. (ITC-BT-11)

Se define como la parte de la instalación de la red de distribución que alimenta la caja o cajas generales de protección o unidad funcional equivalente. Se deberá describir la acometida de la edificación aportando datos de:

• Punto de enganche asignado por la Compañía Suministradora, con los valores máximos previsibles de las potencias o corrientes de cortocircuito de las redes de distribución (art. 15 del REBT).

- Tipo o naturaleza de la acometida (aérea, subterránea o mixta) según lo dispuesto en el apartado 1.2 de la ITC-BT-11.

• Trazado. Servidumbres de paso.

• Influencias externas.

• Descripción de la canalización (tubo, bandeja, etc.) y dimensionado de la misma. Modos de   instalación e instalaciones "tipo".

• Características, sección y aislamiento de los conductores.

• Distancias de protección en acometidas aéreas (ITC-BT-06)

• Separaciones mínimas en acometidas subterráneas (ITC-BT-07)

Caja General de Protección (CGP) (ITC-BT-13)

Las CGP, que alojan los elementos de protección de las líneas generales de alimentación, marcan el límite de la propiedad del usuario. Le son de aplicación todas las disposiciones mostradas en la ITC-BT-13.

Las CGP a utilizar corresponderán a uno de los tipos recogidos en las especificaciones técnicas de la empresa suministradora que hayan sido aprobadas por la Administración Pública correspondiente, en concreto por lo marcado en el apartado 5 de las Normas Particulares de Unelco.

En el Proyecto se deberá describir:

• Número de CGP. (El límite de amperios por CGP lo marca la tabla V del apartado 5.4. de las Normas

Particulares de UNELCO).

• Situación e instalación de las CGP (apartado 1.1. de la ITC-BT-13)

• Características.

- Dispositivos de fijación
- Entrada y salida de cables
- Bases de los cortacircuitos fusibles
- Conexiones de entrada y salida
- Características del neutro.

• Dimensiones de la CGP

• Puesta a tierra.

Caja General de Protección y Medida (CPM). (ITC-BT-13)

Se rigen por lo dispuesto en la ITC-BT-13. Las CPM a utilizar corresponderán a uno de los tipos recogidos en las especificaciones técnicas de la empresa suministradora que hayan sido aprobadas por la Administración Pública correspondiente, en concreto por lo marcado en el apartado 6 de las Normas Particulares de Unelco.

Reúne en un solo elemento la CGP y el Equipo de Medida (EM), no existiendo línea general de alimentación. Solo son de aplicación a uno o dos usuarios alimentados desde el mismo lugar conforme a los esquemas 2.1 y 2.2.1 de la ITC-BT-12 (excepcionalmente 3 suministros

monofásicos), cuya medida no precise el empleo de transformadores de medida ni contadores de reactiva.

• Situación e instalación de las CPM (apartado 2.1 de la ITC-BT-13).

• Tipo.

• Características.

- Dispositivos de fijación

- Entrada y salida de cables

- Bases de los cortacircuitos fusibles

- Conexiones de entrada y salida

- Características del neutro.

• Dimensiones de la CGP

• Puesta a tierra.

Interruptor de protección contra incendios (IPI)

Serán necesarios donde existan instalaciones que demanden suministro eléctrico para los equipos de protección contra incendios, según lo indicado por la CPI-96, y se situará aguas arriba de la CGP. Le será de aplicación todo lo dispuesto en los epígrafes anteriores 1.7.5 y 1.7.6.

• Ubicación

• Características.

• Puesta a tierra

Línea General de Alimentación (LGA). (ITC-BT-14)

De aplicación lo indicado en la ITC-BT-14 y en el apartado 7 de las Normas Particulares de Unelco, enlaza la CGP con la centralización de contadores. NOTA: Para algunos esquemas (alimentación a un único usuario y para dos usuarios alimentados a través de una CPM según las figuras 2.1 y 2.2.1 de la ITC-BT-12) no existe LGA

• Descripción de la LGA indicando longitudes, trazado y características de la instalación.

• En su caso (Intensidades superiores a 250 A que demanden varias centralizaciones de contadores) descripción de la opción elegida para cajas de derivación según lo dispuesto en el apartado 7 de las Normas Particulares de la Compañía Suministradora.

• Previsión de ampliación de sección del conductor.

• Cumplimiento de la CPI-96 en trazados verticales: Trazado por escaleras protegidas y conductos registrables.

• Influencias externas.

• Descripción de la canalización (tubo, bandeja, etc.) y dimensionado de la misma. Modos de instalación e instalaciones "tipo".

• Características, sección y aislamiento de los conductores. Descripción de los conductores elegidos.

- Caídas de tensión.

- Cables no propagadores del incendio y con emisión de humos y opacidad reducida.

- Secciones uniformes en todo el recorrido. Secciones mínimas.

- Secciones del neutro (tabla 1. ITC-BT-14).

- Intensidades máximas admisibles (tablas VI y VII del apartado 7 de las Normas Particulares de Unelco).

Derivaciones Individuales (DI). (ITC-BT-15)

Es la parte de la instalación que, partiendo de la LGA, suministra energía eléctrica a una instalación de usuario. Se inicia en el embarrado general y comprende los fusibles de seguridad, el conjunto de medida y los dispositivos generales de mando y protección. Le será de aplicación lo dispuesto en la ITC-BT-15 y el epígrafe 9 de las Normas Particulares de Unelco.

• Descripción de las DI elegidas con indicación de longitudes, trazado y características de la instalación.

• Influencias externas.

• Descripción de la canalización (tubo, bandeja, etc.) y dimensionado de la misma. Modos de instalación e instalaciones "tipo".

- Dimensiones mínimas de las canaladuras para trazados verticales según lo dispuesto en la tabla 1 del apartado 2 de la ITC-BT-15.

- Previsión de ampliación de sección del conductor.

• Características, sección y aislamiento de los conductores. Descripción de los conductores elegidos.

- Caídas de tensión

- Cables no propagadores del incendio y con emisión de humos y opacidad reducida.

- Secciones uniformes en todo el recorrido. Secciones mínimas.

• Cumplimiento de la CPI-96 en trazados verticales: Trazado por escaleras protegidas y conductos registrables.

Dispositivo de control de potencia. (ITC-BT-17)

Regulado por la ITC-BT-17 y el apartado 10 de las Normas Particulares de Unelco.

• Situación del dispositivo de control de potencia.

• Características y descripción del dispositivo de control de potencia:

- Limitador o Interruptor de Control de Potencia (ICP), de aplicación cuando la intensidad
- Nominal es inferior o igual a 63 A.
- Descripción de la envolvente.
- Interruptor Automático Regulable (IAR), de aplicación cuando la potencia que se desee.
- Contratar sea superior a la que resulte de una Intensidad de 63 A.
- Maxímetro. Se podrá optar por maxímetro cuando la potencia que se desee contratar sea superior a la que resulte de una Intensidad de 63 A.

Dispositivos generales de mando y protección (ITC-BT-17). Protecciones.

Regulado por la ITC-BT-17 y el apartado 11 de las Normas Particulares de Unelco.

• Situación del cuadro de distribución que alojará los dispositivos de mando y protección.

• Número de cuadros eléctricos. Composición y características de los cuadros. Envolventes.

• Interruptor General Automático (IGA).

• Medidas de protección contra sobreintensidades (ITC-BT-22 e ITC-BT-26).

- Características generales.
- Aplicación de las medidas de protección según tabla 1 del apartado 1.2. de la ITC-BT-22.

• Medidas de protección contra sobretensiones (ITC-BT-23 e ITC-BT-26)

- Categorías de sobretensiones.
- Elección de equipos y materiales en función de lo indicado en la tabla 1 del apartado 3.2 de la ITC-BT-23.

• Medidas de protección contra los contactos directos e indirectos (ITC-BT-24 e ITC-BT-26).

- Descripción de las medidas adoptadas de protección.

• Coordinación y Selectividad de los dispositivos de protección de los circuitos.

Protección General

Se aplicará lo dispuesto en la ITC-BT-17, describiendo las partes de las que constan los circuitos de protección privados:

• Calibre del Interruptor General Automático (IGA) y dispositivos de protección contra sobrecargas y cortocircuitos.

• Interruptor de Control de Potencia (ICP). El ICP será tal que cumpla lo dispuesto en las tablas mostradas en el apartado 10.1.1 de las Normas Particulares de Unelco.

El ICP se utiliza para suministros en baja tensión y hasta una intensidad de 63 A. Para intensidades superiores se usarán interruptores de intensidad regulable, maxímetros o integradores incorporados al equipo de medida de energía eléctrica.

• Interruptores diferenciales de protección contra contactos indirectos. Selectividad de diferenciales

• Dispositivos de protección contra sobretensiones, si fuera necesario, según ITC-BT-23.

Se deberán aportar los cálculos de corrientes de cortocircuito.

Interruptores, disyuntores, seccionadores, fusibles

Un aparato de maniobra y/o protección (interruptor, disyuntores, seccionadores, fusibles, contactor, relé de protección, etc.), está concebido, fabricado y ensayado de acuerdo a la norma de producto que corresponde, la cual enmarca su performance según ciertos patrones eléctricos, dieléctricos y de entorno.

En estos dos últimos casos, las condiciones de la instalación pueden influir en la sobre-clasificación o sub-clasificación de ciertas características de los aparatos, que se reflejan en la capacidad nominal de los mismos (In).

Protección para evitar riesgos

Cuando una corriente que excede los 0mA atraviesa una parte del cuerpo humano, la persona está en serio peligro si esa corriente no es interrumpida en un tiempo muy corto (menor a 500 ms).

El grado de peligro de la víctima es función de la magnitud de la corriente, las partes del cuerpo atravesadas por ella y la duración del pasaje de corriente Se distinguen dos tipos de contactos peligrosos:

Contacto directo

La persona entra en contacto directo con un conductor activo, el cual está funcionando normalmente. Toda la corriente de falla pasa por el contacto directo

Contacto indirecto

La persona entra en contacto con una parte conductora, que normalmente no lo es, pero que accedió a esta condición accidentalmente (por ejemplo, una falla de aislación). Solo una fracción de toda la corriente de falla pasa por el cuerpo.

Ambos riesgos pueden ser evitados o limitados mediante protecciones mecánicas (no acceso a contactos directos), y protecciones eléctricas, a través de dispositivos de corriente residual de alta sensibilidad que operan con 0mA o menos.

DIRECTOS	INDIRECTOS

Las medidas de protección eléctrica dependen de dos requerimientos fundamentales:

- La puesta a tierra de todas las partes expuestas que pueden ser conductoras del equipamiento en la instalación, constituyendo una red equipotencial.
- La desconexión automática de la sección de la instalación involucrada, de manera tal que los requerimientos de tensión de contacto (Uc) y el tiempo de seguridad sean respetados.

En la práctica, los tiempos de desconexión y el tipo de protecciones a usar dependen del sistema de puesta a tierra que posee la instalación.

Interruptores

Definición: adj. Que interrumpe. m. Mecanismo destinado a interrumpir o establecer un circuito eléctrico.

Aparato de poder de corte destinado a efectuar la apertura y/o cierre de un circuito que tiene dos posiciones en las que puede permanecer en ausencia de acción exterior y que corresponden una a la apertura y la otra al cierre del circuito.

Pueden ser unipolar, bipolar, tripolar o tetrapolar.

Unipolar: Interruptor destinado a conectar o cortar un circuito formado por 1 cable.

Bipolar: Interruptor destinado a conectar o cortar un circuito formado por dos cables. Puede ser un vivo y el neutro o dos fases.

Tripolar: Interruptor destinado a conectar o cortar un circuito formado por tres cables.

Tetrapolar: Interruptor destinado a conectar o cortar un circuito formado por 4 cables.

Disyuntores

Interruptor automático por corriente diferencial. Se emplea como dispositivo de protección contra los contactos indirectos, asociado a la puesta a tierra de las masas.

Puede ocurrir que ante una eventual rotura de la aislación de un cable se produzca una fuga de corriente a tierra, si el valor de la corriente es de entre 300 y 500 miliamperes existe el riesgo que se produzca un arco eléctrico que genere un incendio. El disyuntor es diseñado para detectar la fuga y cortará inmediatamente el suministro eléctrico. Si la instalación eléctrica está conectada a tierra, el interruptor diferencial, cortará el suministro ante cualquier "falla de tierra". Si la instalación eléctrica no está conectada a tierra, el interruptor diferencial, cortará el suministro únicamente cuando la "falla de tierra" se produzca a través del cuerpo humano, es decir cuando alguien toque algún elemento energizado (situación que debe evitarse).

Conexión

El disyuntor se coloca en la línea de entrada, aguas abajo del medidor y de la de la llave térmica general, y antes de la térmica interior que pueda tener la vivienda. (Siempre que se tenga que realizar un trabajo de electricidad, es necesario cortar la tensión, es recomendable que este tipo de trabajo lo realice un profesional matriculado, tomando los recaudos correspondientes).

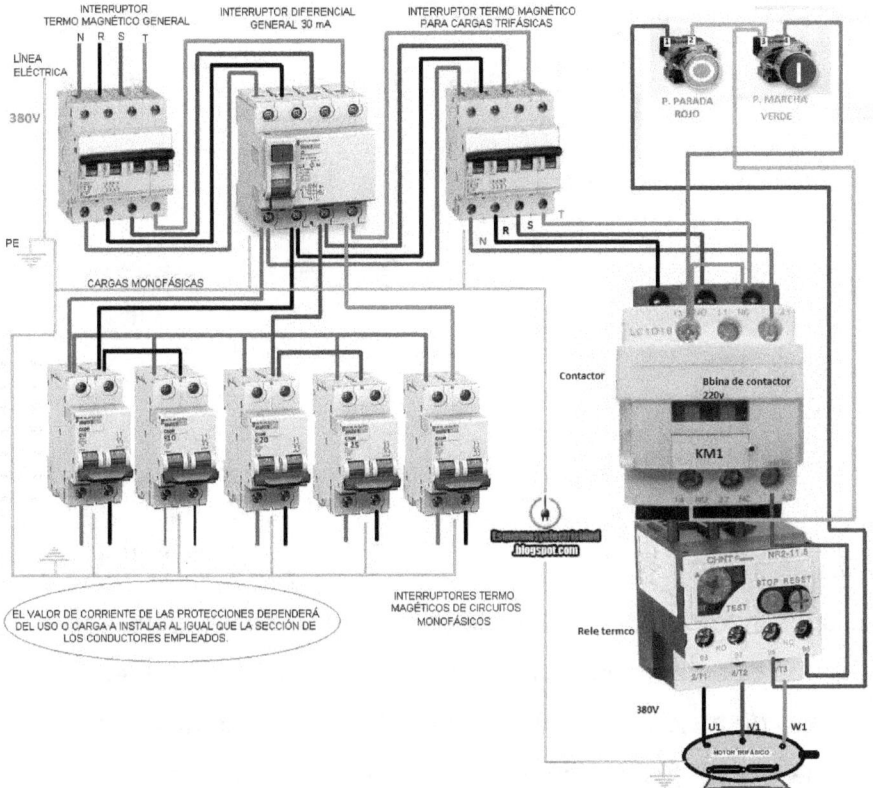

Esquema de un cuadro trifásico para un motor trifásico

Seccionadores

Son interruptores seccionadores de maniobra manual independiente, diseñados para ser utilizados en circuitos de distribución y en circuitos de motores en baja tensión.

Tipos: De cuchillas, de fusibles y rotativos.

Son capaces de cerrar, soportar e interrumpir corrientes en condiciones normales de operación, incluyendo condición de sobrecarga en servicio, así como también y por períodos de tiempo especificados, condiciones anormales de operación, tales como corrientes de cortocircuito.

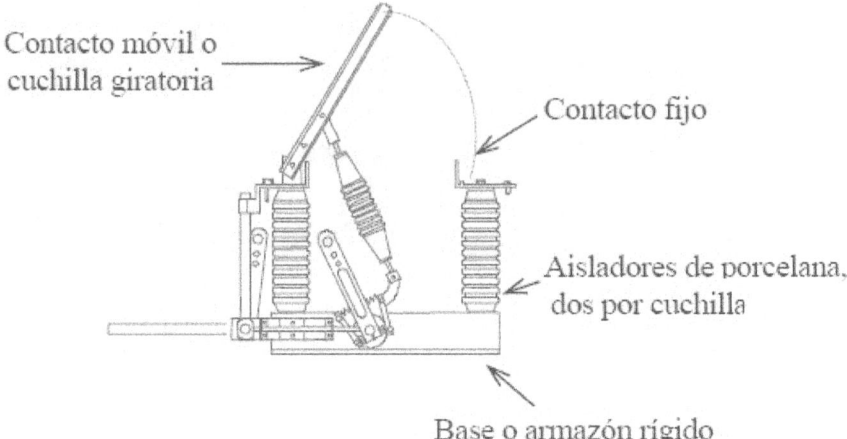

Contacto móvil o cuchilla giratoria

Contacto fijo

Aisladores de porcelana, dos por cuchilla

Base o armazón rígido

Partes de un interruptor seccionador

Fusibles

Dispositivo que abre un circuito cuando la corriente que circula por él, por calentamiento, funde uno o varios de sus elementos. El tiempo de fusión depende del valor de la corriente aplicada.

Actualmente, fusibles de fusión cerrada (la extinción del arco no produce

Efectos externos). Norma une 21 – 103 (en 20 – 269).

Conjunto portador:

- Parte fija que sustenta el cartucho fusible
- Conexión con el resto de la instalación
- Base, bornes y portafusible
- Cartucho fusible:
- Elemento recambiable del fusible
- Contactos, aislante y elemento conductor

Fusibles de cartucho

- Elemento conductor:
- Hilo redondo o cinta (cobre, plata, aleaciones)
- Sección no uniforme (estrechamientos donde se inicia la fusión y se produce el Arco)
- Puede haber varios conductores en paralelo

Cartucho:

- Aloja al elemento conductor
- Material aislante (porcelana, vidrio) con material extintor (sílice de grano
- Fino y seco)
- Indicador de fusión
- Percutor: dispara el funcionamiento de otros aparatos (interruptor en Carga) o enclavamiento.
- Tiempo desde que circula la corriente I, que funde el fusible, hasta que se extingue, depende del valor de la I y de su evolución en el tiempo t.

Tipos de fusibles

Interruptores automáticos magnetotérmicos
Interruptores diferenciales

El poder de corte de un interruptor automático magnetotérmico, define la capacidad de éste para abrir un circuito automáticamente al establecerse una corriente de cortocircuito, manteniendo el aparato su aptitud de seccionamiento y capacidad funcional de restablecer el circuito. De acuerdo a la tecnología de fabricación, existen dos tipos de interruptores automáticos:

- *Rápidos*

- *Limitadores*

La diferencia entre un interruptor rápido y un limitador está dada por la capacidad de este último a dejar pasar en un cortocircuito una corriente inferior a la corriente de defecto presunta.

La velocidad de apertura de un limitador es siempre inferior a 5ms (en una red de 50Hz).

El interruptor automático tiene definidos dos poderes de corte:

- *Poder de ruptura último (Icu)*

- *Poder de ruptura de servicio (Ics)*

Una sobrecarga, caracterizada por un incremento paulatino de la corriente por encima de la In, puede deberse a una anomalía permanente que se empieza a manifestar (falla de aislación), también pueden ser transitorias (por ejemplo, corriente de arranque de motores). Tanto cables como receptores están dimensionados para admitir una carga superior a la normal durante un tiempo determinado sin poner en riesgo sus características aislantes. Cuando la sobrecarga se manifiesta de manera violenta (varias veces la In) de manera instantánea estamos frente a un cortocircuito, el cual deberá aislarse rápidamente para salvaguardar los bienes. Un interruptor automático contiene dos protecciones independientes para garantizar:

- *Protección contra sobrecargas:*

Su característica de disparo es a tiempo dependiente o inverso, es decir que a mayor valor de corriente es menor el tiempo de actuación.

- *Protección contra cortocircuitos:*

Su característica de disparo es a tiempo independiente, es decir que a partir de cierto valor de corriente de falla la protección actúa, siempre en el mismo tiempo.

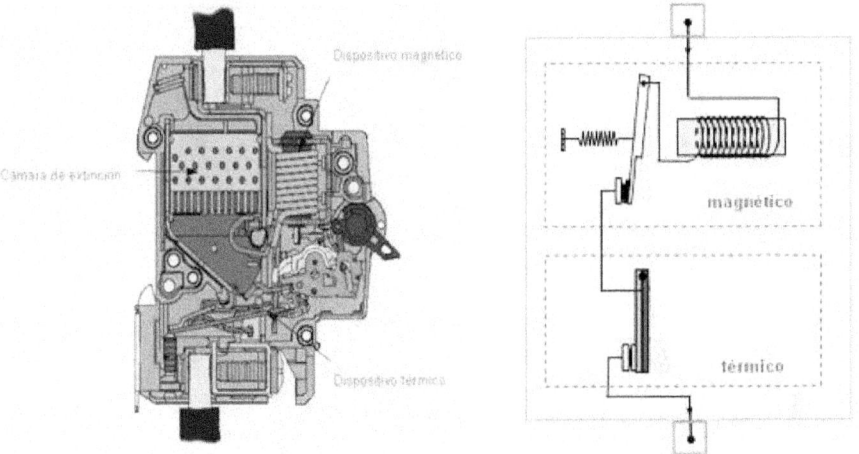

Detalles del sistema magnético y térmico

Función principal protección (alto poder de corte, 1.5 – 100 ka).

Función de mando desconexión y conexión (manual o a distancia) de circuitos.

Limitación del número y la frecuencia de maniobras.

Elementos:

- Juego de contactos fijos y móviles
- Cámara de extinción o apagachispas
- Mecanismo
- Disparadores
- Medio de corte

Tiempo de disparo (ms)

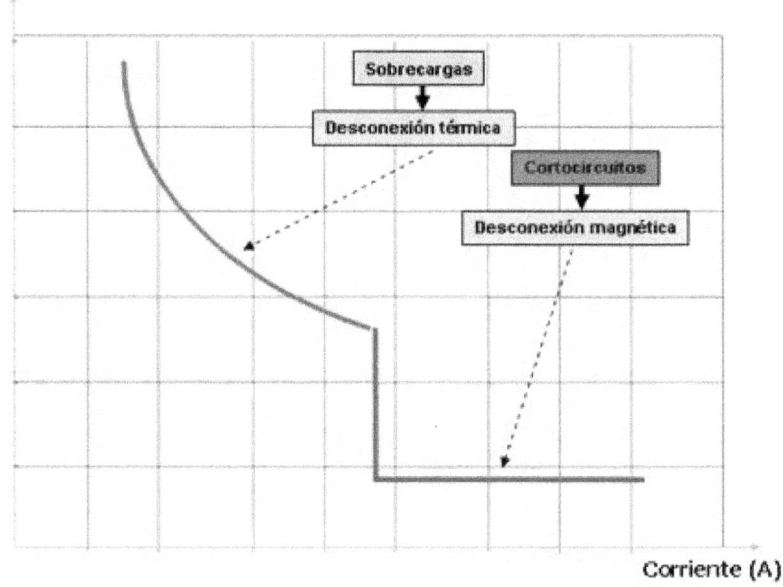

Conexión y desconexión del circuito

- Contactos principales
- Baja resistencia eléctrica de contacto
- Alta conductividad eléctrica y térmica
- Poca tendencia a soldar
- Aleaciones de plata con níquel, paladio o cadmio

Contactos de arco

- Evitan la erosión de los contactos principales
- Materiales altamente resistentes al arco (tungsteno)
- Mecanismo. Conjunto de palancas, levas y muelles para la apertura automática o manual y para el cierre de los contactos

Funciones:

- Acumulación de energía (estirado o tensado de muelles)
- Presión de contactos adecuada (baja resistencia de contacto)
- Cierre independiente (manual o a distancia)

Cámara de extinción o apaga chispas

- Extinción del arco por alargamiento (soplado magnético y/o eléctrico) y por enfriamiento

Medio de corte

- Aire, vacío.

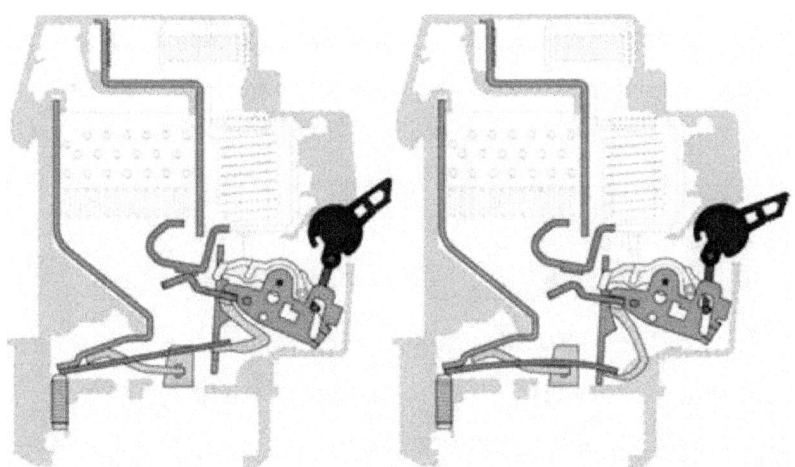

Disparador térmico. La temperatura fusiona una lámina bimetálica y dispara el interruptor

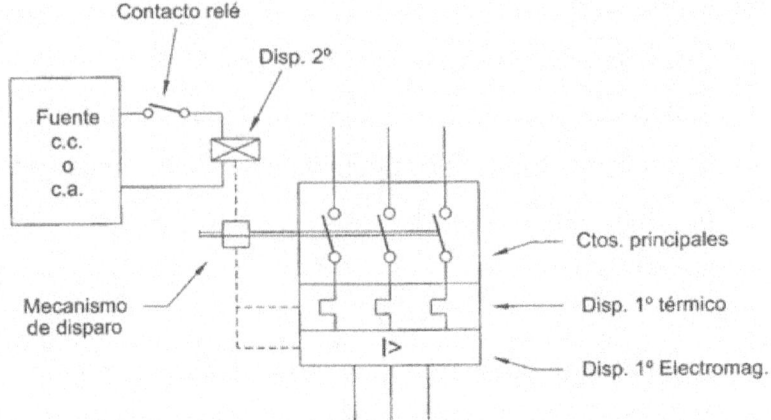

Esquema de un Interruptor automático magnetotérmico

Interruptores diferenciales

Hoy en día, los Interruptores Diferenciales están reconocidos en el mundo entero como un medio eficaz para asegurar protección de personas contra los riesgos de la corriente eléctrica en baja tensión, como consecuencia de un contacto indirecto o directo. Estos dispositivos están constituidos por varios elementos:

- El captador
- El bloque de tratamiento de la señal
- El relé de medida y disparo
- El dispositivo de maniobra.

En el caso del captador el más comúnmente usado es el transformador toroidal. Los relés de medida y disparo son clasificados en categorías tanto según su modo de alimentación como su tecnología:

A propia corriente

Está considerado por los especialistas como el más seguro. Es un aparato en donde la energía de disparo la suministra la propia corriente de defecto.

Con alimentación auxiliar

Es un aparato (tipo electrónico) en donde la energía de disparo necesita de un aporte de energía independiente de la corriente de defecto, o sea no provocará disparo si la alimentación auxiliar no está presente. Dentro de este tipo se incluyen los relés diferenciales Vigirex con toroide separado.

A propia tensión

Este es un aparato con alimentación auxiliar, pero donde la fuente es el circuito controlado. De este modo cuando el circuito está bajo tensión, el diferencial está alimentado, y en ausencia de tensión, el equipo no está activo pero tampoco existe peligro.

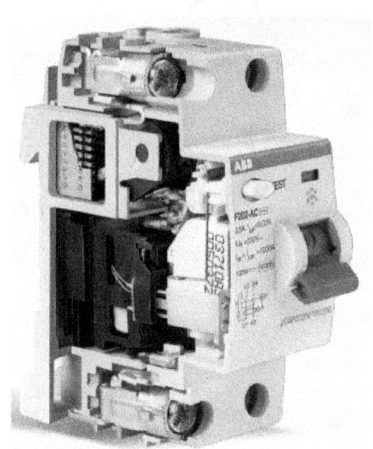

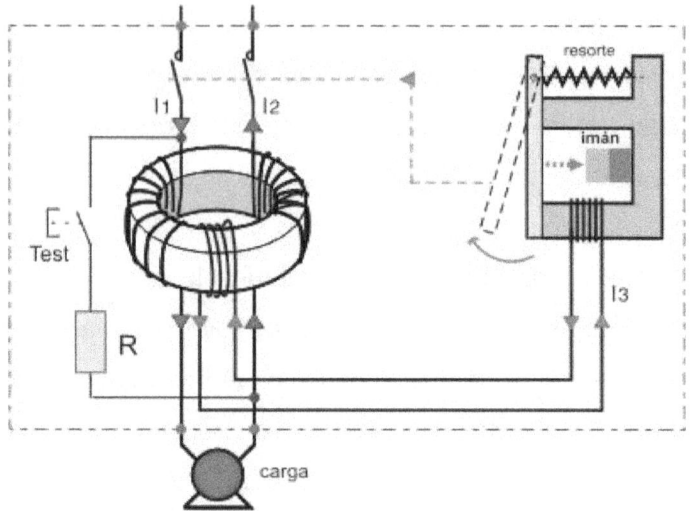

Corte y detalle del circuito de un interruptor diferencial

Detección de corriente de fuga o diferencial desde conductores activos (fases y neutro) a masa (envolvente del aparato) a través de aislamientos deteriorados.

- Corrientes muy bajas (hasta 10 mA).
- Protección de personas (contactos indirectos), protección contra incendios provocados por corrientes de defecto.

Relé diferencial: elemento detector

Interruptor diferencial

- Dispositivo

Elementos detector y de apertura en el mismo

Corrientes nominales altas

- Elemento detector

Actúa sobre:

- Disparador indirecto de un interruptor automático

Los interruptores diferenciales protegen contra contactos indirectos como contactos a masa de los equipos eléctricos (IDn>30mA); y contra contactos directos, como contactos de personas a partes activas bajo tensión (IDn<30mA).

También ofrecen protección contra incendios de origen eléctrico, causados por fallos de aislamiento.

Estos interruptores funcionan con un transformador diferencial para la detección de la corriente de defecto, por lo que son independientes de la tensión de red o de una fuente de energía auxiliar.

Se recomienda comprobar la funcionalidad en la puesta en marcha de la instalación, y a intervalos regulares (aprox. 6 meses) mediante el pulsador de prueba incorporado, que genera una corriente de defecto simulada.

Tipos de corriente

Tipo AC: Corrientes de defecto alternas

Tipo A: Corrientes de defecto alternas y continuas pulsantes

Las instalaciones de una casa se dibujan según un código que permite identificar sus elementos y su localización de un modo sencillo. Normalmente, se dibujan sobre planos a escala de la vivienda. Te proponemos a continuación una serie de ejemplos y la leyenda de cada una de las instalaciones con su código de signos. Para poner en práctica esta información, realiza el plano de tu casa a escala 1:50 y ve dibujando en hojas de papel transparente las instalaciones que posea; de este modo podrás superponerlas y tener una visión de conjunto de todas ellas.

Electricidad

Existen dos tipos de dibujos; el primero, llamado **esquema unifilar**, representa los elementos de protección, la organización general de los circuitos y las tomas y puntos de luz que corresponden a cada uno.

El segundo dibujo es un esquema de la situación de los puntos de luz, las tomas de corriente y los interruptores, así como la relación que hay entre ellos (si están conmutados o no).

⊗ punto de luz en techo

⌀ interruptor sencillo de 10 A-220 V

⌀ interruptor conmutado de 10 A-220 V

✕ interruptor de cruce de 10 A-220 V

⅄ toma de corriente de alumbrado F + N + T de 10 A-220 V

⅄ toma de corriente de usos varios F + N + T de 16 A-250 V

≑ toma de corriente de lavadora y lavavajillas F + N + T de 16 A-250 V

≣ toma de corriente de cocina y horno F + N + T de 25 A-250 V

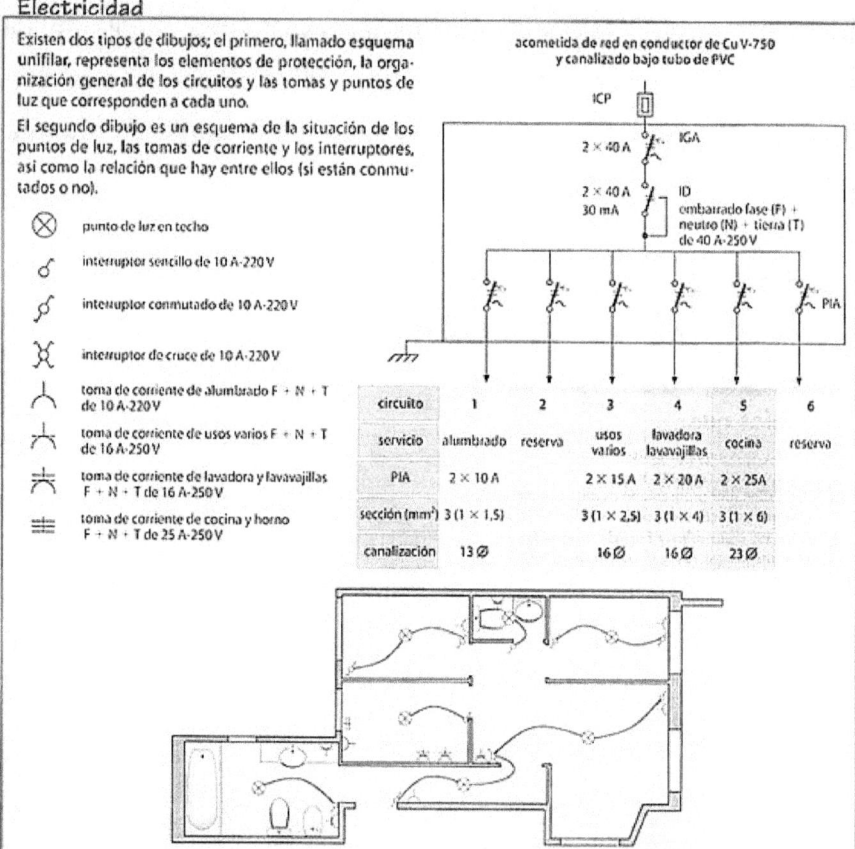

acometida de red en conductor de Cu V-750 y canalizado bajo tubo de PVC

circuito	1	2	3	4	5	6
servicio	alumbrado	reserva	usos varios	lavadora lavavajillas	cocina	reserva
PIA	2 × 10 A		2 × 15 A	2 × 20 A	2 × 25A	
sección (mm²)	3 (1 × 1,5)		3 (1 × 2,5)	3 (1 × 4)	3 (1 × 6)	
canalización	13 Ø		16 Ø	16 Ø	23 Ø	

Antes de realizar estos dibujos estudia la instalación eléctrica de tu vivienda. Para el esquema unifilar, fíjate sobre todo en el CGMP, que suele estar situado a la entrada. Anota los circuitos que parten de él y comprueba a qué tomas dan servicio. Para el segundo dibujo, debes señalar sobre el plano de tu casa, en un papel transparente, la localización de las tomas de fuerza y de las lámparas. Por último, señala los interruptores y su relación con las lámparas.

Sistema de protección para la instalación eléctrica

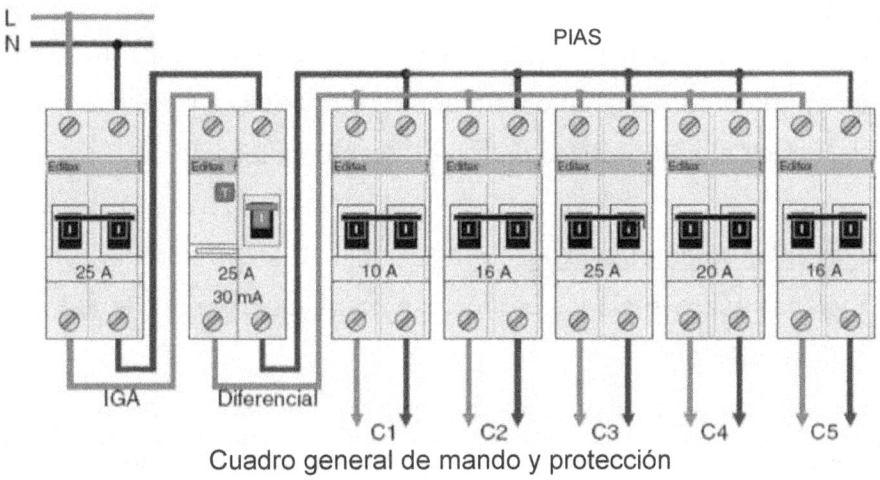

Cuadro general de mando y protección

ICP: interruptor de control de potencia.

Evita daños en la instalación eléctrica en caso de sobrecargas.

ID: interruptor diferencial. Disyuntor.

Sirve para desconectar la instalación eléctrica de forma rápida cuando existe una fuga a tierra. Así, si alguna persona toca un aparato averiado, se desconecta evitando calambres.

PIA's: pequeños interruptores automáticos termomagnéticos.

Protegen de los incidentes producidos por los cortocircuitos o sobrecargas en cada uno de los circuitos interiores, iluminación, calefacción, electrodomésticos.

Sistemas de protección especiales

Seccionadores

Son interruptores seccionadores de maniobra manual independiente, diseñados para ser utilizados en circuitos de distribución y en circuitos de motores en baja tensión.

Limitador de sobretensión

Evita las sobretensiones producidas por rayos o por incidentes en la línea eléctrica.

Existen dos modelos: uno que protege a todos los aparatos conectados a la instalación eléctrica de la vivienda y otro que es una base de enchufe que protege a los equipos que estén conectados a ella.

Diferencial de disparo electrónico

En viviendas grandes o despachos con un gran número de halógenos, fluorescentes u ordenadores es posible que el interruptor diferencial (ID) salte con mucha frecuencia sin ningún motivo aparente. Este sistema evita este tipo de disparos.

Diferencial con reenganche

Si un incidente en su instalación interior ha provocado un disparo del interruptor diferencial (ID), este equipo comprueba si el motivo que ha originado el disparo persiste. Si no es así, reconecta la instalación automáticamente.

Es muy útil para segundas viviendas, cámaras frigoríficas, alarmas.

Fusibles

Dispositivo que abre un circuito cuando la corriente que circula por él, por calentamiento, funde uno o varios de sus elementos. El tiempo de fusión depende del valor de la corriente aplicada.

AUTOEVALUACIÓN

Maniobra, mando y protección en media y baja tensión: Generalidades. Interruptores, disyuntores, seccionadores, fusibles. Interruptores automáticos magnetotérmicos, interruptores diferenciales.

---

1. ¿Cuántos ámbitos podemos distinguir en las instalaciones eléctricas?
   a) Uno
   b) Dos
   c) Tres
   d) Cuatro
   e) Cinco

2. En las Instalaciones domiciliarias la alimentación siempre es:
   a) En alta tensión
   b) En media tensión
   c) En baja tensión
   d) No hay tensión
   e) Ninguna es correcta

3. El instalador tiene la responsabilidad de cumplir con:
   a) La Reglamentación
   b) La situación
   c) El horario
   d) Ninguna es correcta
   e) Todas son correctas

4. En las instalaciones industriales y comerciales la alimentación puede ser de:
   a) Baja y escasa tensión
   b) Alta y/o media tensión
   c) Mediana y lenta tensión
   d) Muy alta y muy baja
   e) Ninguna es correcta

5. En el sistema de baja tensión, la instalación comienza en:
   a) En la calle
   b) En la fachada de la vivienda
   c) En el cuadro general de distribución
   d) En el cuadro secundario
   e) Todas son correctas

6. Los cortacircuitos se utilizan para proteger todos los elementos de la instalación contra:
   a) El factor de potencia
   b) El consumo de energía eléctrica
   c) Cortocircuitos y sobrecargas
   d) Cortes de tensión
   e) Todas son correctas

7. El cuadro general de distribución, contiene los aparatos de corte y seccionamiento que alimentan a:
   a) Los electrodomésticos
   b) Los cuadros secundarios
   c) Los cuadros terciarios
   d) Los cuadros primarios
   e) Los cuadros de la acometida

8. ¿En que pueden estar sumergidos los dispositivos de corte, para evitar el arco eléctrico?
   a) En agua caliente
   b) En hidrógeno
   c) En aceite
   d) En arena
   e) En líquido refrigerante

9. Cualquier sistema de distribución de electricidad requiere una serie de equipos suplementarios para proteger los generadores, transformadores y las propias líneas de conducción. Suelen incluir dispositivos diseñados para regular la tensión que se proporciona a los usuarios y corregir:

    a) La tensión nominal
    b) La intensidad resultante
    c) El factor de potencia del sistema
    d) La potencia del sistema
    e) La inductancia del sistema

10. En el Esquema de Transformación de Media tensión a Baja tensión, ¿Cuál es el último elemento que conforma el circuito esquematizado?

    a) Tablero seccional
    b) Tablero principal
    c) Consumo
    d) Protección
    e) Transformador

11. Qué dispositivo define lo siguiente: Serán necesarios donde existan instalaciones que demanden suministro eléctrico para los equipos de protección contra incendios:

    a) Interruptor de protección contra siniestros
    b) Interruptor de protección contra el fuego
    c) Interruptor de protección contra derrumbes
    d) Interruptor de protección contra el calor
    e) Interruptor de protección contra incendios.

12. En la norma (ITC-BT-14). Define la LGA como:

    a) Línea gráfica de Ayuda
    b) Línea general de auxilio
    c) Línea general de alimentación
    d) Línea general de apoyo
    e) Ninguna es correcta

13. En la norma (ITC-BT-17). Define el IGA como:
a) Interruptor general de auxilio
b) Interruptor gráfico de ayuda
c) Interruptor general de apoyo
d) Interruptor general de acometida
e) Interruptor general automático.

14. A que dispositivo refiere la norma ITC-BT-23.
a) Dispositivos de protección contra Intensidades
b) Dispositivos de protección contra resistencias
c) Dispositivos de protección contra sobrecargas
d) Dispositivos de protección contra sobretensiones
e) Dispositivos de protección contra diferencia de potencial

15. ¿Cuántos tipos de contactos peligrosos para el cuerpo humano?
a) Uno
b) Dos
c) Tres
d) Cinco
e) Seis

16. Al producirse el contacto directo, ¿Qué circula por el cuerpo?
a) Bacterias
b) Resistencias
c) Impedancias
d) Inductancias
e) Corriente

17. Señala el correcto según el enunciado: Mecanismo destinado a interrumpir o establecer un circuito eléctrico:
a) Reactores
b) Propulsores
c) Resistencias
d) Cuadro general
e) Interruptores

18. Señalar el correcto según la definición: Interruptor destinado a conectar o cortar un circuito formado por 4 cables.
   a) Sexapolar
   b) Tripular
   c) Bipolar
   d) Tetrapolar
   e) Unipolar

19. ¿Contra qué tipo de contacto se utilizan los disyuntores?
   a) Contactos Directos
   b) Contactos semidirectos
   c) Contactos diferidos
   d) Contacto indirectos
   e) Ninguna es correcta

20. Señalar cuál corresponde a tipos de seccionadores:
   a) Seccionadores a frotación
   b) Seccionadores a cuchillas
   c) Seccionadores a rotación
   d) Seccionadores a fusible NH
   e) B, c y d son correctas

21. Qué define el siguiente enunciado: Dispositivo que abre un circuito cuando la corriente que circula por él, por calentamiento, funde uno o varios de sus elementos:
   a) Disyuntores
   b) Capacitares
   c) Interruptores
   d) Cuadro general
   e) Fusibles

22. ¿Qué dispositivo tiene la capacidad de abrir un circuito al producirse un cortocircuito?
   a) Seccionadores
   b) Fusibles
   c) Disyuntores
   d) Interruptores magnetotérmicos
   e) Ninguna es correcta

23. ¿Qué elemento corresponde a un Interruptor diferencial?
   a) El captador
   b) El relé de medida y disparo
   c) La lámina bimetal
   d) El hilo conductor
   e) A y b son correctas

24. Según el gráfico del disparador térmico del interruptor automático termomagnético, ¿Qué fusiona la temperatura?
   a) Un hilo conductor
   b) Un líquido que se evapora
   c) Una lámina bimetálica
   d) Un fusible
   e) Todas son correctas

SOLUCIONARIO

1. b) Dos
2. c) En baja tensión
3. a) La Reglamentación
4. b) Alta y/o media tensión
5. c) En el cuadro general de distribución
6. c) Cortocircuitos y sobrecargas
7. b) Los cuadros secundarios
8. c) En aceite
9. c) El factor de potencia del sistema
10. c) Consumo
11. e) Interruptor de protección contra incendios
12. a) Línea general de alimentación
13. f) Interruptor general automático
14. d) Dispositivos de protección contra sobretensiones
15. b) Dos
16. e) Corriente
17. e) Interruptores
18. d) Tetrapolar
19. d) Contacto indirectos
20. e) b, c y d son correctas
21. e) Fusibles
22. a) Interruptores magnetotérmicos
23. e) a y b son correctas
24. c) Una lámina bimetálica

Cálculos en las instalaciones eléctricas de baja tensión: Previsión de potencias, sección de conductores, procedimientos normalizados de cálculo de las instalaciones de Baja Tensión.

Cálculos en las instalaciones eléctricas de baja tensión

Introducción

Además de los resistores, los capacitores y los inductores son otros dos elementos importantes que se encuentran en los circuitos eléctricos y electrónicos. Estos dispositivos, son conocidos como elementos pasivos. Solo son capaces de absorber energía eléctrica. A diferencia de un resistor que disipa energía, los capacitores y los inductores, la almacenan y la regresan al circuito al que están conectados. Como elementos activos en circuitos electrónicos tenemos a los dispositivos semiconductores (diodos, transistores, circuitos integrados, microprocesadores, memorias, etc.).

Capacitor: Construcción: Un capacitor se compone básicamente de 2 placas conductoras paralelas, separadas por un aislante denominado dieléctrico.

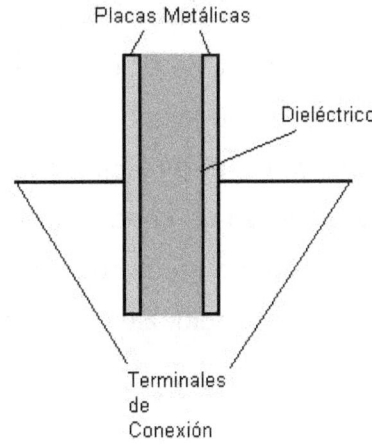

Limitaciones a la carga de un conductor

Puede decirse que el incremento en potencial V es directamente proporcional a la carga Q colocada en el conductor. Por consiguiente, la razón de la cantidad de carga Q al potencial V producido, será una constante para un conductor dado, Esta razón refleja la capacidad del conductor para almacenar carga y se llama capacidad C.

$$C = Q / V$$

La unidad de capacitancia es el coulomb por volt o farad (F). Por tanto, si un conductor tiene una capacitancia de un farad, una transferencia de carga de un coulomb al conductor elevará su potencial en un volt. Cualquier conductor tiene una capacitancia C para almacenar carga. La cantidad de carga que puede colocarse en un conductor está limitada por la rigidez dieléctrica del medio circundante.

Rigidez dieléctrica

Es la intensidad del campo eléctrico para el cual el material deja de ser un aislador para convertirse en un material conductor. Hay un límite para la intensidad del campo que puede existir en un conductor sin que se ionice el aire circundante. Cuando ello ocurre, el aire se convierte en un conductor. El valor límite de la intensidad del campo eléctrico en el cual un material pierde su propiedad aisladora, se llama rigidez dieléctrica del material.

Diferencia de potencial

La diferencia de potencial entre dos puntos es el trabajo por unidad de carga positiva realizado por fuerzas eléctricas para mover una pequeña carga de prueba desde el punto de mayor potencial hasta el punto de menor potencial.

$$VAB = VA - VB$$

Potencial eléctrico y energía potencial debido a cargas puntuales.

Ejemplo 1. Potencial debido a dos cargas puntuales.

Una carga puntual de 5μ C se coloca en el origen y una segunda carga puntual de -2μ C se localiza sobre el eje x en la posición (3,0) m, como en la figura) si se toma como potencial cero en el infinito, determine el potencial eléctrico total debido a estas cargas en el punto P, cuyas coordenadas son (0,4) m.

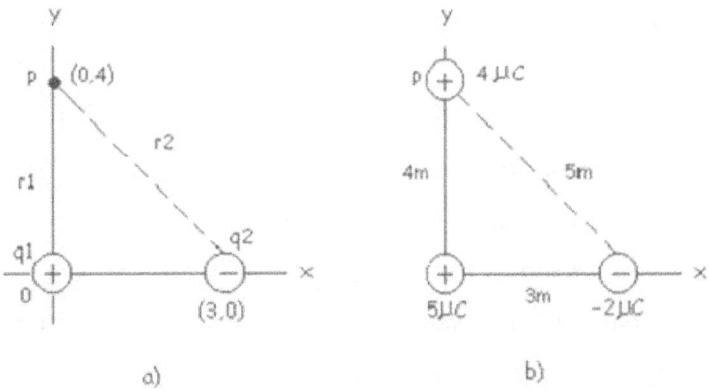

a)   b)

El potencial eléctrico en el punto P debido a las dos cargas puntuales q1 y q2 es la suma algebraica de los potenciales debidos a cada carga individual.

Capacitancia entre dos conductores

La capacitancia entre dos conductores que tienen cargas de igual magnitud y de signo contrario es la razón de la magnitud de la carga en uno u otro conductor con la diferencia de potencial resultante entre ambos conductores.

Resistencia

Es la oposición de un material al flujo de electrones. La resistencia R del conductor está dada por:

$$R = V / I$$

Y se mide en ohms.

Resistividad

El inverso de la conductividad de un material se le llama resistividad ρ:

$$\rho = 1/\hat{o}$$

Densidad de corriente

Considérese un conductor con área de sección trasversal A que lleva una corriente I. La densidad de corriente J en el conductor se define como la corriente por unidad de área. Como: *I = nqvdA*, la densidad de corriente está dada por:

$$J = I /A$$

Resistividades y coeficientes de temperatura para varios materiales

Material	Resistividad ($\Omega \cdot m$)	Coeficiente de temperatura $\alpha\ [\ (^{\circ}C)^{-1}\ ]$
Plata	1.59×10^{-8}	3.8×10^{-3}
Cobre	1.7×10^{-8}	3.9×10^{-3}
Oro	2.44×10^{-8}	3.4×10^{-3}
Aluminio	2.82×10^{-8}	3.9×10^{-3}
Tungsteno	5.6×10^{-8}	4.5×10^{-3}
Hierro	10×10^{-8}	5.0×10^{-3}
Platino	11×10^{-8}	3.92×10^{-3}
Plomo	22×10^{-8}	3.9×10^{-3}
Nicromo[b]	150×10^{-8}	0.4×10^{-3}
Carbón	3.5×10^{-5}	$- 0.5 \times 10^{-3}$
Germanio	0.46	$- 48 \times 10^{-3}$
Silicio	640	$- 75 \times 10^{-3}$
Vidrio	$10^{10} - 10^{14}$	
Caucho duro	$\approx 10^{13}$	
Azufre	10^{15}	
Cuarzo (fundido)	75×10^{16}	

Conductividad

Con mucha frecuencia, la densidad de corriente en un conductor es proporcional al campo eléctrico en el conductor. Es decir,

$$J = ôE$$

donde la constante de proporcionalidad ô se llama la conductividad del conductor.

Los materiales cuyo comportamiento se ajustan a la ecuación anterior se dice que siguen la ley de Ohm, su nombre se puso en honor a George Simon Ohm.

Previsión de potencias

Potencia Eléctrica

Si una batería se utiliza para establecer una corriente eléctrica en un conductor, existe una transformación continua de energía química almacenada en la batería a energía cinética de los portadores de carga. Esta energía cinética se pierde rápido como resultado de las colisiones de los portadores de carga con el arreglo de iones, ocasionando un aumento en la temperatura del conductor. Por lo tanto, se ve que la energía química almacenada en la batería es continuamente transformada en energía térmica.

Considérese un circuito simple que consista de una batería cuyas terminales estén conectadas a una resistencia R, como en la figura. La terminal positiva de la batería está al mayor potencial. Ahora imagínese que se sigue una cantidad de carga positiva Q moviéndose alrededor del circuito desde el punto (a) a través de la batería y de la resistencia, y de regreso hasta el punto (a).

El punto a es el punto de referencia que está aterrizado y su potencial se ha tomado a cero. Como la carga se mueve desde (a) hasta (b) a través de la batería su energía potencial eléctrica aumenta en una cantidad V Q (donde V es el potencial en b) mientras que la energía potencial química en la batería disminuye por la misma cantidad. Sin embargo, como la carga se mueve desde (c) hasta (d) a través de la resistencia, pierde esta energía potencial eléctrica por las colisiones con los átomos en la resistencia, lo que produce energía térmica. Obsérvese que si se desprecia la resistencia de los alambres interconectores no existe pérdida en la energía en las trayectorias (b c) y (d a). Cuando la carga regresa al punto (a), debe tener la misma energía potencial (cero) que tenía al empezar.

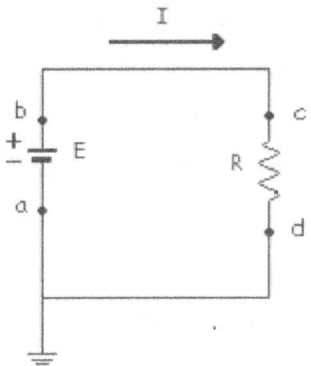

Un circuito consta de una batería o f.e.m E y de una resistencia R. La carga positiva fluye en la dirección de las manecillas del reloj, desde la terminal negativa hasta la positiva de la batería. Los puntos a y d están aterrizados.

Es cierto que la carga vuelve a ganar esta energía cuando pasa a través de la batería. Como la rapidez con la cual la carga pierde la energía es igual a la potencia perdida en la resistencia, tenemos:

$$P = I \cdot V$$

En este caso, la potencia se suministra a la resistencia por la batería. Sin embargo, la ecuación anterior puede ser utilizada para determinar la potencia transferida a cualquier dispositivo que lleve una corriente **I**, y tenga una diferencia de potencial V entre sus terminales. Utilizando la ecuación anterior y el hecho de que **V=IR** para una resistencia, se puede expresar la potencia disipada en las formas alternativas:

$$P = I^2R = V^2 / R$$

Cuando I está en amperes, V en volts, y R en ohms, la unidad de potencia en el SI es el watt (W). La potencia perdida como calor en un conductor de resistencia R se llama calor joule; sin embargo, es frecuentemente referido como una perdida: I^2R.

Una batería o cualquier dispositivo que produzca energía eléctrica se llama fuerza electromotriz, por lo general referida como fem.

En Física se define la fuerza como cualquier causa capaz de producir o modificar un movimiento. Ya se ha visto que para producir el movimiento de los electrones, se necesita una fuerza que llamamos fuerza electromotriz. La energía se define como el producto de la fuerza aplicada sobre un cuerpo y el espacio que le hace recorrer en el movimiento provocado. Si disminuimos la tensión la lámpara brilla y calienta menos (menor potencia transformada) y viceversa, si aumentamos la tensión la lámpara brilla y calienta más. Por lo tanto, se puede decir que la tensión y la potencia varían entre sí de manera directa. De la misma forma, si disminuimos la corriente la lámpara también brilla y calienta menos (menor potencia transformada) y si la aumentamos también brilla y calienta más. O sea que la corriente y la potencia eléctrica varían entre sí de manera directa; esto significa que la potencia varía de forma directa con la tensión y la corriente, pudiéndose decir entonces que:

La potencia eléctrica es el resultado del producto de la tensión por la corriente:

$$P = V \cdot I$$

Siendo la unidad de medida de la tensión el Volt (V) y de la corriente el Ampere (A), la unidad de medida de la potencia será el Watts (W).

En C.A. a esa potencia se la denomina potencia aparente; la misma está compuesta por la potencia activa y la potencia reactiva.

La potencia activa es la efectivamente transformada en:

● Potencia mecánica.

● Potencia térmica.

● Potencia lumínica.

La potencia reactiva es la parte transformada en campo magnético, necesaria para el funcionamiento de:

● Motores.

● Transformadores.

● Reactores.

En proyectos de instalaciones eléctricas residenciales los cálculos se efectúan en base a la potencia aparente y a la potencia activa.

Energía = Fuerza x Espacio

La potencia se define como energía por unidad de tiempo.

Energía = Potencia / Tiempo

La potencia eléctrica es también el producto de la tensión y la intensidad del circuito.

Potencia = Tensión x Intensidad

Con la ley de Ohm, se obtienen otras variantes de la potencia eléctrica: $P = V \cdot I$; $P = I^2 \cdot R$; $P = V^2 / R$

La potencia eléctrica se mide en watts (w) y la energía en watts por "cada" hora (w/h), aunque se emplea el Kilowatts (Kw) y el Kilowatts por hora (Kw/h).

Mucha potencia
más electrones por minuto

Poca potencia

Gráfico simple sobre potencia

Problema:

1) Calcular la potencia. Si tenemos un motor con voltajes 380 volts, un amperaje de 20 amperios ¿Cuál será la potencia eléctrica del mismo?

2) Calcular la potencia. Si tenemos un transformador con voltaje de entrada de 220 volts, su resistencia interna de 250 ohms. ¿Cuál será la potencia eléctrica del mismo?

3) Calcular la potencia. Si tenemos un electrodoméstico con resistencia 100 ohms y un consumo de 10 amperes, ¿Cuál será su potencia eléctrica?

Sección de conductores

Cálculo de secciones de cables

Las secciones de los cables a utilizar deberán ser adecuadas, desde el punto de vista de seguridad, para evitar calentamientos o caídas de tensión excesivas. Las secciones mínimas de los cables a utilizar será: (de todas formas a más sección mejor circulación).

- Alumbrado: 1'5 mm2
- Fuerza o Tomas de corriente en viviendas: 2'5 mm2
- Electrodomésticos de cocina: 4 mm2
- Vitro, Calefacción eléctrica y aire acondicionado: 6 mm2

Según el REBT, estas serán las secciones de cables mínima para viviendas. Para instalaciones especiales se calculan en función de la normativa y cálculos pertinentes.

Fórmula que calcula las secciones de cables. Aunque en la práctica vienen normalizados en tablas, o se calculan teniendo en cuenta más factores y normas, como REBT (Reglamento Electrotécnico de Baja Tensión, el cual hay que estudiar para sacar el carné de electricista).

$$R = \rho \, L/S$$

(R = resistencia; ρ = resistividad característica del material; L = longitud; S = sección). (Unidades: R = > Ω; L = > m; S = > mm2; ρ = mm2 / m).

Nota: Cuando no se conoce el coeficiente de resistividad del material hay que buscarlo en la tabla correspondiente, en este manual más arriba).

Problemas

1) Calcular la resistencia que ofrece un filamento de tungsteno de una bombilla sabiendo que su resistividad es de 0.08 Ω · mm2 / mm, su longitud de 10 cm, y una sección de 0.01 mm2. Y sabiendo que funciona a 220 v, que intensidad máxima puede circular por el filamento sin que se funda.

2) Calcular la sección que debe tener un cable de cobre para conducir electricidad para un motor eléctrico, sabiendo que la resistividad del cobre es de ρ = 0.01 Ω · mm2 / mm, la longitud del cable 5 m, y la resistencia máxima que debe oponer el cable es para que funcione a 220 v y una I de 20 A.

3) Calcular que sección debe llevar un cable de alumbrado de una caseta, si se van a instalar 10 bombillas con una ρ = 0.08 Ω · mm2 / mm, de 220 v y 60 w de potencia, todas en paralelo (pero se calculará la mayor sección de todas). El cable tendrá una longitud de 50 m.

Procedimientos normalizados de cálculo de las instalaciones de Baja Tensión

Leyes de Kirchhoff

Para el cálculo de magnitudes V, R e I, en circuitos complejos se emplean las leyes de Kirchhoff. (Nota.- Todas estas fórmulas son fundamentales, y la base de los cálculos eléctricos y electrónicos).

$$\sum I = 0$$

La suma de todas las intensidades que llegan y salen de un nudo, debe de ser cero. (Comparando, sería: Si de una tubería sale 10 l, y se bifurca en dos de 3 l y 7 l, resulta que: 10-7-3=0)

$$\sum V = \sum I \cdot R$$

La tensión de alimentación de una malla debe de ser igual a la suma de tensiones de cada elemento de la malla. (Es la ley de Ohm (V=I·R), pero aplicada. Estas dos fórmulas, nos permiten obtener ecuaciones o sistema de ecuaciones, con incógnitas entre sí, y poder hallar valores desconocidos de intensidades, tensiones o resistencias.

Circuitos con Cargas en Serie y en Paralelo - Resistencia equivalente

En un circuito en serie la corriente I que circula tiene el mismo valor en todas las partes del circuito, siendo la resistencia total la suma de las resistencias individuales.

La tensión U varía en las distintas partes del circuito, siendo:

$$U = U1 + U2 + U3 + ... + Un$$

Ello significa que si en un circuito de 220 V. se conectan varias lámparas en serie ellas encenderían muy tenuemente, y si una se quema se interrumpe todo el circuito y las lámparas se apagarán; por ello no se conectan lámparas en serie. Salvo casos particulares (como cuando tenemos una carga alimentada por algunas decenas de metros de conductor) en una instalación las cargas están conectadas en paralelo. La gran mayoría de las instalaciones eléctricas posee cargas en paralelo. En esos circuitos uno de los cálculos más comunes consiste en determinar la corriente total exigida por las cargas, a fin de determinar la sección de los conductores y la protección del circuito. En un circuito con cargas en paralelo (si despreciamos la caída de tensión en los conductores) a cada una de las cargas estará aplicada la misma tensión y la corriente total será la suma de las corrientes de cada carga individual. La ley de Ohm puede ser aplicada a cada una de las cargas para determinar las corrientes.

$$I = I_1 + I_2 + I_3 + \ldots + I_n$$

La resistencia de una carga específica generalmente no es de interés, excepto como un paso para determinar la corriente o la potencia consumida. De este modo, la corriente total que circula en un circuito con cargas en paralelo se puede calcular en base a la "resistencia equivalente del circuito", mediante la expresión.

$$1/Req = (1/R1) + (1/R2) + (1/R3) + \ldots$$
$$1/Req = (P1/U12) + (P2/U22) + (P3/U32) + \ldots$$

La resistencia de un equipamiento eléctrico se fija en la fase de proyecto, y cualquier cálculo que involucre esa magnitud deberá utilizar la tensión nominal del equipamiento y no la del circuito; por lo que las tensiones U1, U2, U3,... pueden ser diferentes entre sí.

188

Si todas las cargas tuvieran la misma tensión nominal la expresión anterior se simplifica a:

1/Req = (P1+P2+P3) / U2 + …

Por lo tanto:

Req = (tensión nominal)2 / suma de la potencias nominales

Req = U2 / P

Caída de tensión

Si de una fuente de tensión Vo alimentamos un receptor de potencia P mediante una línea de longitud L y sección S, en los bornes de dicha carga la tensión V será menor que Vo, debido a la resistencia R de los conductores. Esta diferencia entre V y Vo se conoce con el nombre de:

Caída de tensión (c.d.t.) d = V - Vo

En forma porcentual:

Caída de tensión %:   d % = (Vo -V) x 100/Vo

Al circular una corriente I por un conductor se produce calor, que según la Ley de Joule tiene el valor:

Q = 0,24*I2*R*t calorías

Este calor aumentará la temperatura del conductor hasta que la cantidad de calor que se produce en él sea igual a la que se disipa por conducción, convección y radiación. El calor disipado por el conductor depende de la intensidad, la sección del conductor, el aislamiento y la forma de canalización. Se entiende que para que el conductor no produzca más calor del que puede disipar, pues sería peligroso o se estropearía, deberá estar limitada la intensad que por él circula a un valor máximo Imax según el tipo de canalización, y cuyos valores vienen dados por el fabricante y los reglamentos correspondientes.

A veces, en lugar de la intensidad máxima del conductor se utiliza la densidad de corriente máxima definida como:

$$s_{max} = I/S$$

FORMULAS ELECTRICAS

	Corriente Continua	CORRIENTE ALTERNA		
		UNA FASE	DOS FASES 4° HILOS	3 FASES
AMPERE Conociendo HP	$\dfrac{HP \times 746}{E \times N}$	$\dfrac{HP \times 746}{E \times N \times f.p.}$	$\dfrac{HP \times 746}{2 \times E \times N \times f.p.}$	$\dfrac{HP \times 746}{1.73 \times E \times N \times f.p.}$
AMPERE Conociendo kW	$\dfrac{kW \times 1000}{E}$	$\dfrac{kW \times 1000}{E \times f.p.}$	$\dfrac{kW \times 1000}{2 \times E \times f.p.}$	$\dfrac{kW \times 1000}{1.73 \times e \times f.p.}$
AMPERE Conociendo kVA		$\dfrac{kVA \times 1000}{E}$	$\dfrac{kVA \times 1000}{2E}$	$\dfrac{kVA \times 1000}{1.73 \times E}$
kW	$\dfrac{I \times E}{1000}$	$\dfrac{I \times E \times f.p.}{1000}$	$\dfrac{I \times E \times f.p. \times 2}{1000}$	$\dfrac{I \times E \times f.p. \times 1.73}{1000}$
kVA		$\dfrac{I \times E}{1000}$	$\dfrac{I \times E \times 2}{1000}$	$\dfrac{I \times E \times 1.73}{1000}$
POTENCIA en la flecha HP	$\dfrac{I \times E \times N}{746}$	$\dfrac{I \times E \times N \times f.p.}{746}$	$\dfrac{I \times E \times 1.73 \times N \times f.p.}{746}$	$\dfrac{I \times E \times 1.73 \times N \times f.p.}{746}$
Factor de potencia	Unitario	$\dfrac{W}{E \times I}$	$\dfrac{W}{2 \times E \times I}$	$\dfrac{W}{1.73 \times E \times I}$

I = Corriente en Ampere
E = Tensión en Volt
N = Eficiencia expresada en decimales
HP = Potencia en Horse Power

f.p. = Factor de potencia
kW = Potencia en kilowatt
kVA = Potencia aparente en kilovoltsAmpere
W = Potencia en Watt
R.P.M. = Revoluciones por minuto
f = Frecuencia (hertz ciclos/seg)
p = Número de polos

$R.P.M. = \dfrac{f \times 120}{p}$

* Para sistemas de 2 fases 3 hilos, la corriente en el conductor es 1.41 veces mayor que la de cualquiera de los otros conductores.

191

FORMULAS ELECTRICAS PARA CIRCUITOS DE CORRIENTE ALTERNA

Reactancia Inductiva

$$X_L = 2\pi \ fL \quad [\text{Ohm}]$$

Donde

f = frecuencia del sistema (hertz, ciclos/seg.)
L = inductancia en Henry.

Reactancia Capacitiva

$$X_c = \frac{1}{2\pi \ fC} \quad [\text{Ohm}]$$

Donde

C = Capacidad en Farad.

Impedancia

$$z = \sqrt{R^2 + (X_L - X_C)^2} \quad [\text{Ohm}]$$

Corriente Eléctrica

$$I = \frac{V}{z} \ , \ A$$

Potencia Trifásica

$$P = \sqrt{3} \quad VI \cos\phi \ , kVA$$

Resistencia Eléctrica

$$R = \frac{\rho\, l}{A} \quad [\text{Ohm}]$$

Donde

R = Resistencia eléctrica. Ohm

ρ = Resistencia eléctrica de conductor.
Cobre: 10,371; Aluminio17,002. $\dfrac{\text{Ohm-Cmil}}{\text{pie}}$ a 20°C

Cobre: 17,241; Aluminio 28,264. $\dfrac{\text{Ohm-mm}}{\text{km}}$ a 20°C

l = Longitud del conductor. m
A = Area de la selección transversal del conductor. mm²

192

FORMULAS ELECTRICAS PARA CIRCUITOS DE CORRIENTE CONTINUA

Ley de Ohm	$V = IR$
Equivalente de resistencia en serie	$R = r_1 + r_2 + \ldots + r_n$
Equivalente de conductancias en paralelo	$G = g_1 + g_2 + \ldots g_n$
Equivalente resistencia en paralelo	$\dfrac{1}{R} = \dfrac{1}{r_1} + \dfrac{1}{r_2} + \ldots + \dfrac{1}{r_n}$
Potencia en Watt	$W = V \times I$ $W = R \times I^2$ $W = HP \times 746$

Amperaje máximo sobre sección de conductor

CALIBRE AWG	SECCION TRANSVERSAL mm²	ESPESOR DE AISLAMIENTO mm	NUMERO DE CONDUCTORES	ESPESOR DE CUBIERTA mm	DIAMETRO EXTERIOR NOMINAL mm	PESO APROX Kg/100 m	AMPACIDAD A 30°C AMPERES	
							AIRE	CONDUIT
14	2.08	1.14	2	1.14	10.70	10.94	20	15
			3	1.14	11.34	14.26	20	15
			5	1.52	14.37	24.71	16	12
			7	1.52	15.62	30.57	14	11
			12	1.52	20.41	41.81	14	11
			19	2.03	24.94	77.64	14	11
12	3.31	1.14	2	1.14	11.67	14.10	25	20
			3	1.14	12.38	18.78	25	20
			5	1.52	16.70	36.16	20	15
			7	1.52	17.06	40.83	18	14
			12	2.03	23.44	71.33	18	14
			19	2.03	27.36	105.02	18	14
10	5.26	1.14	2	1.14	12.88	18.82	40	30
			3	1.52	14.46	27.98	40	30
			5	1.52	17.31	44.14	32	24
			7	1.52	18.88	56.37	28	21
			12	2.03	25.96	98.16	28	21
			19	2.03	30.39	146.59	28	21

Tabla kVA/kW Amperaje en varios Voltajes (Factor de Potencia 0.8)

kVA	kW	208V	220V	240V	380V	400V	440V	460V	480V	600V	2400V	33000V	4160V
6.3	5	17.5	16.5	15.2	9.6	9.1	8.3	8.1	7.6	6.1			
9.4	7.5	26.1	24.7	22.6	14.3	13.6	12.3	12	11.3	9.1			
12.5	10	34.7	33	30.1	19.2	18.2	16.6	16.2	15.1	12			
18.7	15	52	49.5	45	28.8	27.3	24.9	24.4	22.5	18			
25	20	69.5	66	60.2	38.4	36.4	33.2	32.4	30.1	24	6	4.4	3.5
31.3	25	87	82.5	75.5	48	45.5	41.5	40.5	37.8	30	7.5	5.5	4.4
37.5	30	104	99	90.3	57.6	54.6	49.8	48.7	45.2	36	9.1	6.6	5.2
50	40	139	132	120	77	73	66.5	65	60	48	12.1	8.8	7
62.5	50	173	165	152	96	91	83	81	76	61	15.1	10.9	8.7
75	60	208	198	181	115	109	99.6	97.5	91	72	18.1	13.1	10.5
93.8	75	261	247	226	143	136	123	120	113	90	22.6	16.4	13
100	80	278	264	240	154	146	133	130	120	96	24.1	17.6	13.9
125	100	347	330	301	192	182	166	162	150	120	30	21.8	17.5
156	125	433	413	375	240	228	208	204	188	150	38	27.3	22
187	150	520	495	450	288	273	249	244	225	180	45	33	26
219	175	608	577	527	335	318	289	283	264	211	53	38	31
250	200	694	660	601	384	364	332	324	301	241	60	44	35
312	250	866	825	751	480	455	415	405	376	300	75	55	43
375	300	1040	990	903	576	546	498	487	451	361	90	66	52
438	350	1220	1155	1053	672	637	581	568	527	422	105	77	61
500	400	1390	1320	1203	770	730	665	650	602	481	120	88	69
625	500	1735	1650	1504	960	910	830	810	752	602	150	109	87
750	600	2080	1980	1803	1150	1090	996	975	902	721	180	131	104
875	700	2430	2310	2104	1344	1274	1162	1136	1052	842	210	153	121
1000	800	2780	2640	2405	1540	1460	1330	1300	1203	962	241	176	139
1125	900	3120	2970	2709	1730	1640	1495	1460	1354	1082	271	197	156
1250	1000	3470	3300	3009	1920	1820	1660	1620	1504	1202	301	218	174
1563	1250	4350	4130	3765	2400	2280	2080	2040	1885	1503	376	273	218
1875	1500	5205	4950	4520	2880	2730	2490	2440	2260	1805	452	327	261
2188	1750			5280	3350	3180	2890	2830	2640	2106	528	380	304
2500	2000			6020	3840	3640	3320	3240	3015	2405	602	436	348
2812	2250			6780	4320	4095	3735	3645	3400	2710	678	491	392
3125	2500			7520	4800	4560	4160	4080	3765	3005	752	546	435
3750	3000			9040	5760	5460	4980	4880	4525	3610	904	654	522
4375	3500			10550	6700	6360	5780	5660	5285	4220	1055	760	610
5000	4000			12040	7680	7280	6640	6480	6035	4810	1204	872	695

Fórmulas eléctricas

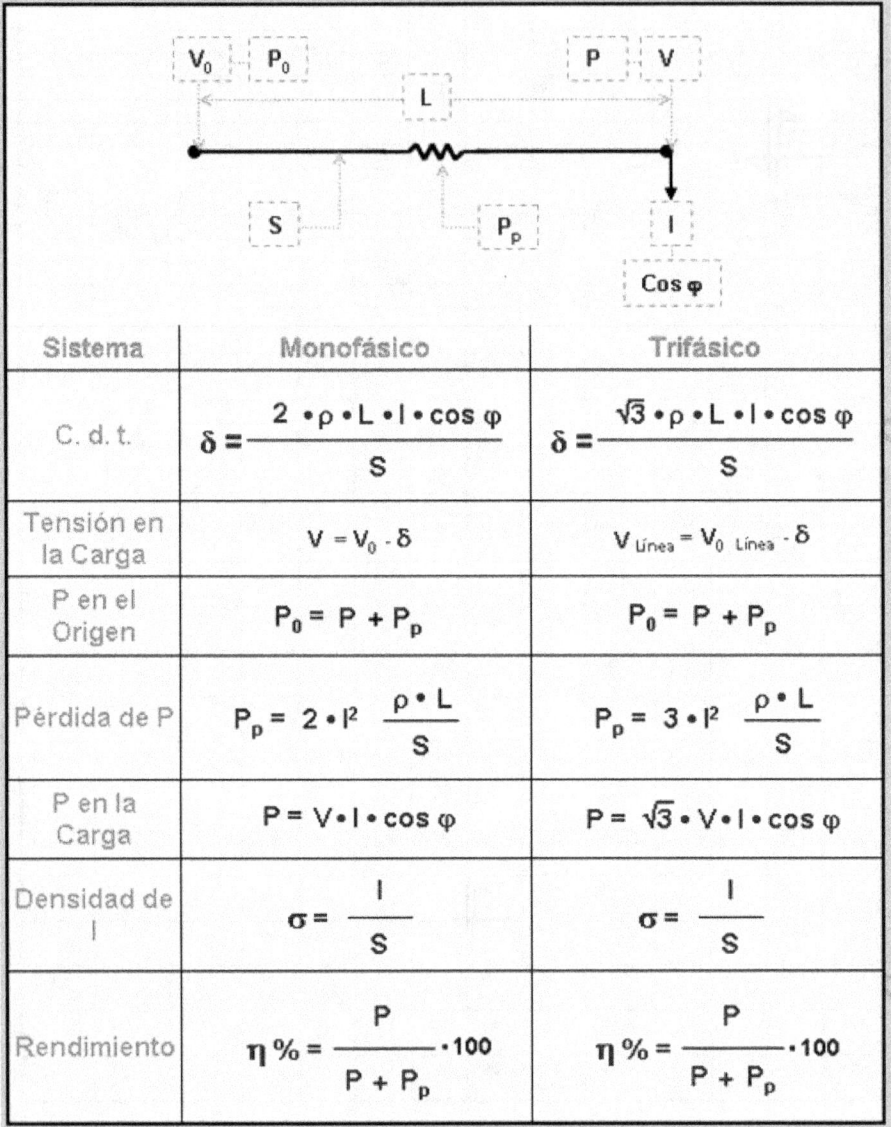

Sistema	Monofásico	Trifásico
C. d. t.	$\delta = \dfrac{2 \cdot \rho \cdot L \cdot I \cdot \cos\varphi}{S}$	$\delta = \dfrac{\sqrt{3} \cdot \rho \cdot L \cdot I \cdot \cos\varphi}{S}$
Tensión en la Carga	$V = V_0 - \delta$	$V_{\text{Línea}} = V_{0\ \text{Línea}} - \delta$
P en el Origen	$P_0 = P + P_p$	$P_0 = P + P_p$
Pérdida de P	$P_p = 2 \cdot I^2 \ \dfrac{\rho \cdot L}{S}$	$P_p = 3 \cdot I^2 \ \dfrac{\rho \cdot L}{S}$
P en la Carga	$P = V \cdot I \cdot \cos\varphi$	$P = \sqrt{3} \cdot V \cdot I \cdot \cos\varphi$
Densidad de I	$\sigma = \dfrac{I}{S}$	$\sigma = \dfrac{I}{S}$
Rendimiento	$\eta\% = \dfrac{P}{P + P_p} \cdot 100$	$\eta\% = \dfrac{P}{P + P_p} \cdot 100$

AUTOEVALUACIÓN

Cálculos en las instalaciones eléctricas de baja tensión: Previsión de potencias, sección de conductores, procedimientos normalizados de cálculo de las instalaciones de Baja Tensión.

---

1. Los dispositivos que son capaces de absorber energía, se denominan elementos:
   a) Activos
   b) Represivos
   c) Pasivos
   d) Reactivos
   e) Cautivos

2. ¿De cuántas placas se compone básicamente un capacitor?
   a) de dos
   b) de tres
   c) de cuatro
   d) de cinco
   e) de seis

3. ¿Qué puede almacenar un capacitor?
   a) Agua
   b) Calor
   c) Frío
   d) Carga
   e) Energía solar

4. El valor límite de la intensidad del campo eléctrico en el cual un material pierde su propiedad aisladora, se llama:
   a) Solidez dieléctrica
   b) Madurez dieléctrica
   c) Sensatez dieléctrica
   d) Rigidez dieléctrica
   e) Ninguna es correcta

5. ¿Cuál es la fórmula correcta de Diferencia de potencial?

    a) $VAB = VA \times VB$
    b) $VAB = VA / VB$
    c) $VAB = VA + VB$
    d) $VAB = VA - VB$
    e) Ninguna es correcta

6. La resistencia se oponen al flujo de:

    a) Calor
    b) Fluido
    c) Aire
    d) Electrones
    e) Protones

7. Lo inverso a la conductividad se llama:

    a) Factibilidad
    b) Unidad
    c) Conducción
    d) Pasividad
    e) Resistividad

8. Cuál de las siguientes es la fórmula correcta de Densidad de la corriente:

    a) $J = I / A$
    b) $J = I \times A$
    c) $J = I - A$
    d) $J = I + A$
    e) Ninguna es correcta

9. La densidad de corriente en un conductor es proporcional:

    a) A la sección del mismo
    b) A la resistencia del mismo
    c) A la impedancia del mismo
    d) A la capacitancia del mismo
    e) Al campo eléctrico del mismo

10. La Fuerza se define como cualquier causa capaz de producir o modificar un:
  a) Destino
  b) Río
  c) Accionar
  d) Conductor
  e) Movimiento

11. Señalar la respuesta correcta:
  a) Voltaje se mide en volts
  b) Resistencia se mide en ohms
  c) Capacitancia se mide en coulomb
  d) Intensidad se mide en amperes
  e) Todas son correctas

12. ¿En qué unidad de medida se mide la potencia?
  a) En Kirchoff
  b) En Coulomb
  c) En Ohms
  d) En Watts
  e) En Edison

13. ¿En qué se transforma la Potencia Activa?
  a) En Potencia Solar
  b) En Potencia Hidráulica
  c) En Potencia Térmica
  d) En Potencia Neumática
  e) En Potencia Nuclear

14. En qué se transforma la Potencia Reactiva
  a) En Reactancia
  b) En impedancia
  c) En energía pasiva
  d) En Campo magnético
  e) En Campo solar

15. La fórmula final de Potencia es:
    a) P = V - I
    b) P = V + I
    c) P = V / I
    d) P = V x I
    e) P = V x I2

16. Señalar la correcta fórmula de potencia, aplicando la Ley de Ohm:
    a) P = V x I2
    b) P = I2 x R
    c) P = V2 / R
    d) Todas son correctas
    e) Ninguna es correcta

17. Cuál unidad de medida corresponde a energía empleada en determinado tiempo:
    a) MGh
    b) KAh
    c) KVh
    d) KWh
    e) KQh

18. Problema: 1) Calcular la potencia. Si tenemos un motor con voltajes 380 volts, un amperaje de 20 amperios ¿Cuál será la potencia eléctrica del mismo?
    a) 19
    b) 152000
    c) 15
    d) 76
    e) 7600

19. En la fórmula de cálculo de secciones de cables, el componente (ρ) representa el coeficiente de:
    a) Capacitividad
    b) Productividad
    c) Resistividad
    d) Impedancia
    e) Conductancia

20. ¿Cuál es la fórmula correcta para cálculos de sección de conductores?

  a) $I = \rho \, L/S$
  b) $V = \rho \, L/S$
  c) $P = \rho \, L/S$
  d) $R = \rho \, L/S$
  e) $Q = \rho \, L/S$

21. Según la Ley de Kirchoff, la suma de todas las intensidades que llegan y salen de un nudo, debe de ser:

  a) Uno
  b) Dos
  c) Cero
  d) Diez
  e) Nueve

22. En un circuito de tensiones en serie. ¿Cuál será la fórmula para calcular la Tensión total de dicho circuitos?

  a) U = U1 + U2 + U3 +.....+ Un
  b) U = U1/1 + U2/1 + U3/1.... + Un
  c) U = U1 x U2 x U3 x U4....x Un
  d) U = U1 – U2 – U3 – U4... - Un
  e) Ninguna es correcta

23. ¿Cuál es la fórmula correcta de Caída de tensión?

  a) d = V + Vo
  b) d = V x Vo
  c) d = V / Vo
  d) d = V – Vo
  e) d = V2 – Vo

24. La diferencia entre V y Vo se conoce con el nombre de:

  a) Caída de Intensidad
  b) Caída de Resistencia
  c) Caída de Impedancia
  d) Caída de inductancia
  e) Caída de tensión

25. Calcular la Intensidad de corriente de un motor que funciona con un voltaje de 220 volts, y tiene una resistencia de 50 ohms. ¿Cuál será su Amperaje?

    a) 48 A
    b) 4,4 A
    c) 5 A
    d) 8,8 A
    e) 11000 A

SOLUCIONARIO

1. c) Pasivos
2. a) de dos
3. d) Carga
4. d) Rigidez dieléctrica
5. d) VAB = VA – VB
6. d) Electrones
7. e) Resistividad
8. a) J = I / A
9. e) Al campo eléctrico del mismo
10. e) Movimiento
11. e) Todas son correctas
12. d) En Watts
13. c) En Potencia Térmica
14. d) En Campo magnético
15. d) P = V x I
16. d) Todas son correctas
17. d) KWh
18. e) 7600
19. c) Resistividad
20. d) R = ρ L/S
21. c) Cero
22. a) U = U1 + U2 + U3 +….+ Un
23. d) d = V – Vo
24. e) Caída de tensión
25. b) 4,4 A

Derechos reservados de autor

Manual de electricidad básica
Miguel D'Addario

Primera edición
CE
2015

www.ingramcontent.com/pod-product-compliance
Lightning Source LLC
Chambersburg PA
CBHW051905170526
45168CB00001B/249